JN198703

# モテようとして〇〇(まる)〇〇(まる)しました。

## 動物たちの奇妙な求愛図鑑

文 こざきゆう
監修 今泉忠明

幻冬舎

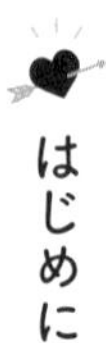

# はじめに

野生の動物たちが生きる目的とはなんでしょう？　それは「繁殖」です。とにかく自分の子孫を残して、種をつなぐことです。

そこに充実感とか、生きがいとか、使命感とか、そういう気持ちや考えはたぶんありません。とにかく、「種を絶やさないようにする！」と、動物たちは本能に従って行動しています。

で。繁殖するためには、どうするのでしょう？　それは「求愛」です。

本書でもこれから何度も出てくるポイントですが、基本的に、オスはメスに選ばれないと、繁殖することはできません。選ばれるために、気に入ってもらえるために、「いいね！」してもらうために、とにかく求愛アピール、プロポーズするのです。

でも、メスを巡るライバルはいっぱい。そのなかでオスは、抜きん出なければなりません。そこでオスはモテるために、世代を重ねるなかで、あの手この手で、いろんな求愛方法を実践し、発達させてきました――どうすればいいのかと彼らが頭を悩ませ試行錯誤してみがきあげて研ぎすましてきたわけではなく、モテないオスの求愛方法は繁殖につながらず淘汰されていくので、あくまで結果的にそうなった、ということなのですが。

そうやってできたのが、現存する動物たちが今、行っている求愛方法です（種によっては求愛方法にも流行り廃りがあり、今後少しずつ変わっていくことがあるかもしれませんが）。

本書では、そんな動物たちがモテたくて編み出した求愛方法に注目してみました。そして、それぞれの求愛方法が、もし人間だったらどんな感じになるのか考えてみました。人間にたとえることで、なんだか奇妙奇天烈なことをしまくってんだな、と思えるかもしれませんし、意外と共感できることもあるかもしれません⁉　ありきたりな求愛方法より、動物たちの求愛方法をそのまま真似して相手にアタックしたほうが、型破りで、ウケて成功しちゃう、なんてこともあるとかないとか（あるとかないとかというときは、だいたいないんですけれど）。

こざきゆう

Contents

# あなたをウンコで振り向かせたい
# マウンテンゴリラ

マウンテンゴリラは名前に「マウンテン」とあるように、アフリカ中央部の高地、ヴィルンガ山地に暮らすゴリラです。

シルバーバックと呼ばれる、背から太ももが銀色のリーダーを中心に、数頭の若いオス、数頭の大人のメス、子どもや赤ちゃんで群れをつくっています。

われわれヒトを含む霊長類では、最大級の体軀で超ごっつい。もちろん怪力で、その握力は、なんとなんと400〜500kg！　うっかり握手もできません。パンチ力は2t以上なんて説もあるほどで、戦闘力ヤバすぎです。

とはいえ、基本、おとなしい性格をしています。攻撃的になるのは、縄張りや家族を守るときくらい。むしろ神経性の下痢をするくらいデリケートな面も。

分類：哺乳類ヒト科
身長：175cm
分布：アフリカ中央部

そんなマウンテンゴリラの行動でイメージしがちなのが、〝ドラミング〟ではないでしょうか？　２本あしで立ち上がり、胸を張って、くぼませたてのひらでポクポク叩くアクションの、あれ。「てめぇこれ以上近づくんじゃねぇぞこの野郎」なオラオラモードに入ったように思えます。たしかにドラミングにはそのような威嚇の意味もあります。でも、それは仲の悪い集団やよそものが縄張りに近づいてきたとき。

相手がメスならけっこう求愛のお知らせに変わりがち。

オスのドラミングは２km先にも聞こえるので、同じ群れや離れた場所にいるメスに「そこのレディー、恋人募集中のオイラはここにいるぜ♥」と、自分の存在を知らせることができます。求愛の初歩的アピールになる、というわけです。

メスにしてみれば、森林のなかで相手の姿が見えなくても、「あっちに私にアピールしてくるオスがいるのね」とわかります。そこで、「じゃあ会ってみようかな」となる……ばかりではなく、逆に「避けなくちゃ」と去っていくこともあります。それには、メスが排卵しておらず生殖の準備ができていないとか、ドラミングしているのが興味をもてないオス（モテないオス）だとかいった理由があります。むしろ興味をもてないオスのほうが多いくらい。そう、メスにはオスを選ぶ権利があるのです。

では、オスがメスに出会えたら――次はもちろん求愛アタックです。そのときに輝く〝恋の矢〟となるアイテムがあります。それが、自分のウンコです。マウンテンゴリラのオスは、意中の相手の気を引くために、ウンコを投げるのです！

「そんなの嫌がらせじゃん、マウンテンゴリラのおだやかさは変態性を隠す仮面だったのか」なんて思うなかれ。ウンコを汚いものと思うのは人間だけです。動物にとって、自分の体から出たものは大事な自分のもの。つまり、ウンコはふつうなら、捨てられないものなのです。そんな手放したくない大切で愛おしいもの（ウンコだけど）を、わざわざメスに手渡すのではなく、投げる――これは、ちょっと意地悪でもあるあたり、人間の小学生男子が女子の気を引きたいから、ちょっかいを出すのにも似ているかもしれませんね。

ちなみに、動物園などでマウンテンゴリラがお客にウンコを投げることがあります。これは、人間に求愛しているのではなく、ウンコを投げるとお客が「ワーッ」と悲鳴をあげて逃げるのが、どうやら「楽しいから」という説も。マウンテンゴリラ、なかなか悪趣味ですね。

さて。そんなマウンテンゴリラの求愛行動を、人間にたとえるなら――

# こんな感じ

意地悪でやってるんじゃないって気づけよ……！

# 首をぶつけあうガチンコ勝負
# キリン

陸上の動物で、もっとも背が高いことでおなじみのキリン。オスの体高は５ｍほど、メスでも４ｍになります。

それほどの体高は、もちろん２ｍを超す長〜い首あればこそ。さらにあしもスラリと長い。さらに付け加えれば、じつは舌も45㎝ほどと長い。もう、なんでも長いのかい！　って言いたくなりますが、首の長さに対して胴は２ｍほどと、意外と短いのです。

長い・短い話のついでにいえば、睡眠時間は1日わずか20分の超ショートスリーパー。しかも立って眠ります。そもそもキリンのような草食動物が食べる草は低カロリーだから、たくさん食べる必要があり、食事にめちゃ時間がかかるのでゆっくり寝ていられないのです。食のために睡眠を削るなんて……なんか幸福度的にどうなんだろうと心配になりますが、キリン界ではそれで長い年月やっているので、問題ないのでしょう。

分類：哺乳類キリン科
体長：350〜480㎝
分布：アフリカ中南部

睡眠と食の話が出たところで、性の話……本題であるキリンの求愛の話に移っていきましょう。

多くの生き物がそうであるように、キリンもまた、メスを巡ってオスは戦います。このとき、キリンのオスが力比べに使うのが、角。オス同士が角で打ちあいますが、首が長すぎて相手にうまく当たらず、首の打ちあいのようになってしまいます。

長いあしをふんばるように広げると、戦闘開始。それこそ首を鞭のようにバッチン！すごい音が鳴り響くほどの激しさ。ときには、骨が折れてしまうこともあり、もちろんそうなったら、ほぼ致命傷。メスを勝ち取る争いはそれだけガチンコで、過酷なもの。これを「ネッキング」といいます。

とはいえ……日々、そんな争いが起きていたら、たまりませんね。それはキリンもよくわかっているのでしょう。そこまで激しいのは、互いの力が拮抗していればこそ。じつは、ネッキングは致命傷になる前にあっさり終わることが多く、負けを認めたオスはすぐその場を立ち去ります。勝ったオスも、追いかけてくることはありません。

また、ネッキングは首が長く大きいオスがたいてい有利です。そこで、しょっちゅう背比べをして優劣を決め、無駄な争いを避けているなんて説もあります。

で。争いののちの展開は、どうなるでしょう？　〝勝ち確〟のオスは、メスにプロポーズする権利を得ます。あくまで権利。それを受け入れるかは、メスが選べますから。このとき、オスはメスに何をするかといえば、シンボルである長い首をからませて、においを嗅ぎあったり体を舐めあったり。このようなときでも長い首を活用しまくりです。

ここでメスがオスを受け入れたら、オスがメスにおしっこをうながし、性器を舐めるのです。いやいや、何かのマニアと言うなかれ。これ、オスはおしっこの味から、排卵周期をチェックしているのです。そして交尾できるとなれば、そこでレッツゴーなのです（なお、ネコやウマなどは、地面に出したおしっこのにおいで判断します。キリンの場合、地面に首を下げるのは大変なので、直舐め（じかな）なのだとか）。

さて。そんなキリンのメスを巡るオスたちのガチンコ勝負な求愛行動を人間にたとえると――

# こんな感じ

こぶし……じゃなくて、
首と首で決めようじゃねえか。

# 甘えちゃうんじゃが〜
# ジャガー

ジャガーは、同じネコ科ではトラ、ライオンに続く大きさを誇り、中南米のネコ科では最大。高温多湿な熱帯雨林や湿地、砂漠などに生息します。

誰が呼んだか、〝密林の王〟。全身の斑点模様は森林の景色に紛れます。そして、獲物に忍び寄り、襲います。攻撃で強力なのは、前あしの必殺ネコパンチ。頭部を殴れば、陥没するほど（ジャガーの名前の由来は、「一突きで殺すもの」という説も）！　咬合力（こうごうりょく）は動物界でもトップクラス。カメの甲羅を嚙み砕くこともできます。さらに、水に入ることを嫌うものが多いネコ科ですが、ジャガーは例外で泳ぎも達者。大好物の魚を狙って、ためらいなく水中に飛び込むし、小型のワニなら獲物にします。

これはもう、出会ったら命がないかもね動物ランキング上位なのは確定でしょう。それは、ジャガー同士でも同じかもしれません。というのも、ジャガーのオスは直

**分類**：哺乳類ネコ科
**体長**：112〜185cm
**分布**：中央・南アメリカ

径数kmになる縄張りをもちますが、他のオスの縄張りと境界が重なりがち。そこで、行動圏内でウンコやおしっこのにおいをつけたり、樹木で爪研ぎをしたりして、自分の存在を主張することで、オス同士の無用な遭遇を避けるのです。メス同士も縄張りは狭いけれど同じように避けあいます。

ジャガー同士が出会うのを避けているなら、繁殖期にはどうするの？　なんて思いますが、相手がメスだと事情は異なります。ふだんは単独行動をしているので一緒にはいませんが、縄張りのなかに複数のメスの縄張りが重なっているので、簡単に出会えるのです。

それなら求愛もお手軽じゃないか、オスの手近なところにメスが何頭もいるのだから——と、ならないのは、おわかりですよね。相手の決定権はメスがもっているのですから！　仮に、縄張りにいるのが絶望的なくらいモテないオスなら、周りにメスが何頭いたって、「蓼食(たでく)う虫も好き好き」じゃない限り恋は実りません。

では、ジャガーがどんな求愛をするのかというと、基本、ネコと同じ。〝密林の王〟という恐怖の存在であっても、ネコはネコ。というか、ライオンもトラも、みな、ほぼ似たようなものなのですが、好みのオスがやってきたら、メスが仰向けになって、ゴロゴロし出すのです。

お腹を見せるという行為は、自然界では「服従」の意味があります。でも、メスに決定権があります。ですから、メスがオスに「あたし、あんたに従ってあげるニャ。好きにしていいニャ♥」と、お知らせしているのです。

そうではないときに、オスがメスに求愛アタックしようとすると、めちゃ反撃されて痛い目にあいます。せっかちはジャガーでも人間でもアウトですね。

ちゃんとメスがお腹を見せて「あんたに反撃しないニャ」と合図をもらったら、オスはやっぱり嬉しいんでしょうか、「ミャ〜ミャ〜」と、まるで甘えるような声を出します。デレデレってやつです。人間なら、鼻の下伸びまくりでしょう。

ちなみに、メスに選ばれるモテるオスは、見た目は関係ないようです。実際、ジャガーには全身真っ黒の個体が生まれることがよくありますが、色が違うことがモテに影響することはありません（そもそもネコ科は色があまりよく見分けられません）。なので、基本、ネコ科のモテは、発するにおいがポイントなのだとか。

さて、ジャガーをはじめとするネコ科一般の求愛行動を人間にたとえてみると——

# こんな感じ

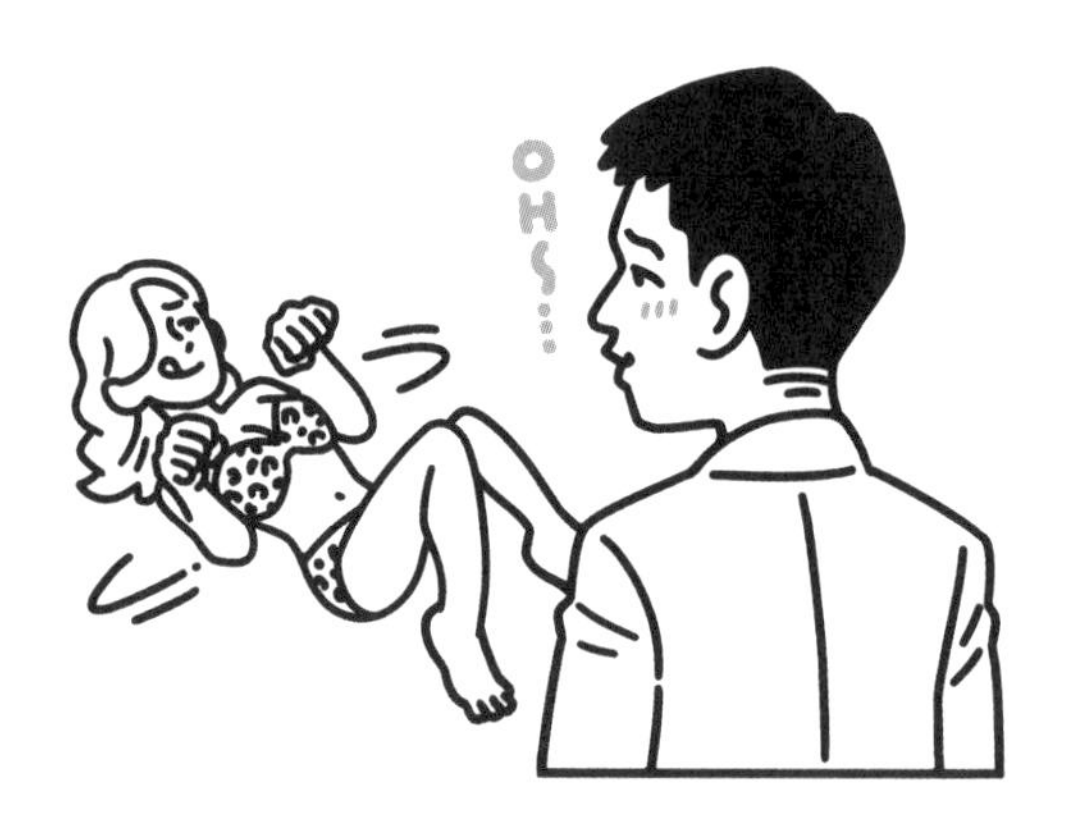

もし私を選んでくれたら……好きにしていいよ♥

## 俺の針毛の音を聞いてくれ！

# アフリカタテガミヤマアラシ

アフリカの専守防衛スタイル最強動物、それがアフリカタテガミヤマアラシです。

ネズミのなかまですが、いわゆるネズミとイメージがかぶらないのが、背中や脇腹、尾に生えている、針のように硬く鋭く変化した毛。この針毛が身を守る最強アイテムです。

ライオンやヒョウなどの天敵に出会うと、「チッ、めんどくせぇのに会っちまったぜぇぇぇ！」と、興奮・緊張スイッチオン、針毛が一斉に逆立ちます。そして、尾を振ったり、後ろあしを踏み鳴らしたりして、警報発動！　針毛はぶつかりあい、「シャラシャラ」と大きな威嚇の音を出すのです。

それでも立ち去らず、「お前食ってやる」モードの敵に対しては、くるりと背を向けます。え、逃げるのかって？　いやいや。これぞヤマアラシの攻撃モード。尻から

分類：哺乳類ヤマアラシ科
体長：60〜90㎝
分布：北アフリカ〜中央アフリカ

相手にバックで突進、尾や背の針毛を突き刺すヒップアタックを繰り出すのです。

しかも針毛は、相手に刺さると自分の体からあっさり抜けますが、針毛の先には〝かえし〟がついているので相手からは抜けにくく、敵にとっては踏んだり蹴ったり、戦意も食欲も消失させてしまうのです。


一方で、この針毛は求愛のアイテムにもなります。

オスは求愛の時期を迎えると、メスを探して森のなかをさまよい歩きます。そうしてメスに出会えたら、これまた天敵に出会ったときと同じく、興奮・緊張スイッチオン、針毛が一斉に逆立ちます。そして「シャラシャラ」音を鳴らしてアピールするのです。

このとき、メスが排卵していなければ、「威嚇？　なにこの男！」と、オラついたやつだと思われ、逃げられてしまいます。でも、排卵していてオスを受け入れる準備ができているようなら、あとはメスが求愛シャラシャラを受けて、そのオスを選ぶかどうか次第。興奮・緊張したオスの様子に「やだ、怖い」と嫌いまくるかもしれませんし、「あら、いい音鳴らすわね♥」と気に入るかもしれません。

で。メスが「ダメよ」ならオスは去るしかありません。強引に迫っても、メスの針毛が刺さるだけ。オスにとってもリスクしかありません。

逆に、「いいわよ」な雰囲気なら、次にオスがすること、それはおしっこ！　わりと動物の世界ではおしっこは求愛に大切なものです。

オスは針毛や後ろあしを支えに立ち上がると上体を反らし、メスめがけて、おしっこシャー！　ひっかけられたメスは、別に怒りません。それどころか、酔ったようにウットリ。それがヤマアラシの交尾のための正式な手続きなのです。

こうしてオスとメスは交尾にいたるのです……って、動物は基本、後背位。どうやってするのか、気になりません？　かの大哲学者アリストテレスもそのことに頭を悩ませ、人間の正常位でいたすのではないかと考えたとか考えなかったとか。

じつは、おしっこでウットリしたメスは、四肢を広げて姿勢を低くします。しかも、針毛を伏せ、ちゃんとオスを迎えられるようにするのです。オスは安心して背後から馬乗りになり、交尾を無事、遂行するというわけです。

ついでに、赤ちゃんも針毛ちくちくなら、出産も気になりません？　そこはうまくできたもので、赤ちゃんは生後10日ほどまでは、毛が柔らかいから大丈夫です。

さて。針毛ビンビンで求愛するヤマアラシ、人間にたとえるとどうかというと――

# こんな感じ

吾輩の愛は刺激的すぎるかい？

# においとカミカミ&ジャンプ!

## フェレット

エキゾチックアニマル(イヌ・ネコ以外のペット動物)でも、特に人気の高いフェレット。

じつは人間との暮らしの歴史はけっこう長くて、なんと2000年以上前にさかのぼるなんていわれます。古代エジプトで、ウサギ狩りやネズミ駆除のため、ヨーロッパケナガイタチを飼い慣らしてきたのがそもそも。

また、細いところに入るのが好きな習性があるので、電気工事の際、細いチューブのなかに潜り込ませ、電線などを通す仕事に利用されることもあります。本人の自覚がないところで、もっている習性を活用されまくりですね。

ペット人気が高いのは、モフモフで可愛い顔に胴長短足の見た目の魅力だけではないでしょう。可愛くても警戒心が強いうえ超獰猛(どうもう)で、とても飼えないアライグマみたいなワイルドなやつもいますから。やっぱり飼いやすさあってこそ。基本的にはおと

分類:哺乳類イタチ科
体長:20～46㎝
分布:家畜品種

なしく、声をあげて鳴くこともほとんどありません。好奇心旺盛で人なつっこく飼い主にもよく慣れます。

ただ、もちろん〝人間に都合がいいこと〟ばかりではありません。なんといっても、独特のにおいがあります。肛門の両脇にある臭腺(しゅうせん)というにおいが出るところを手術で除いたとしても、全身の皮脂腺から出る体臭ばっかりは避けることができないのです。また、なんでもカミカミ、噛む癖があるので、飼い主は手を噛まれがち。

この噛みつきとにおい、フェレットだけでなく、同じイタチのなかまの求愛ではけっこう大切です。

というのも、春から夏頃、フェレットは発情期を迎えます。このとき、においがどんどん強くなります。つまり、においは「宣誓！　僕たち・私たちは、性々堂々とムラムラムンムンできることを誓います」という、繁殖期の始まりの合図となるのです。

そして、メスの発するにおいで近づいていったオスは、求愛アタック！　もちろん避けられてしまうこともありますが、メスにちょっとでも受け入れ同意な雰囲気があるとわかれば、オスはもう強引。力ずくで押さえ込み、しかも噛みつくのです。

もちろん、サディズム趣味というわけじゃありません。イタチのなかまは「交尾排卵」といって、交尾時の刺激によって、排卵が引き起こされるのです。激しく交尾しないと排卵しないので、フェレットは交尾に平均1時間ほどかかるとか。

また、もうひとつ特徴的なのが、「遅延着床」。ふつうの動物では卵が受精し、子宮にすぐ着床します。ところが、イタチのなかまなどは、受精してもすぐには着床しません。夏に交尾しても冬になってからようやく着床し、春に赤ちゃんを出産します。

この遅延着床があることによって、交尾期間は長く、メスはときには複数のオスと何回か交尾をします。そして運のいい（？）オスの遺伝子が残されるのです。

だから、オスもメスにどんどん受け入れてもらう必要があり、アピールに必死。特に、メスの気を引きたくて行うのが「ウィーゼルウォーダンス（戦いのダンス）」。これは、獲物を欺くときにもやりますが、求愛のときや興奮したとき、嬉しいときなど、体をくの字に曲げて、何度も何度もぴょんぴょんジャンプするのです。そうして目立とうとすることで自分の存在を知らせるようです。

なお、体が曲がるのは、胴が長いからでしょう。そんなフェレットのアピールを、人間にたとえると――

# こんな感じ

やった～！

## まずはメッセージで判定
# アメリカビーバー

ビーバーといえば、人間以外で〝生息環境を自分たちに合わせて大規模に作り替える（整える）〟唯一の動物なんていわれます。

環境作り替えムーブを発動させるのは、川や湖に巣穴を掘って暮らしやすくなるような、ちょうどいい土手がない場合。そんなとき、ビーバーは頑丈な前歯で削り倒した木や枝、泥などを積み上げ、川の水をせきとめて、ダムをつくります。

こうしてできる池に、木の枝を泥で固めたドーム状の巣を建築。巣の出入り口は水中にあるため、コヨーテやオオカミなどの天敵の侵入リスクをめちゃめちゃ下げて暮らすのです。

余談ですが、ビーバーのダム（巣）の端から端までの長さは10～100mなんていわれますが、これまでで最大とされるものは、カナダのウッド・バッファロー国立公

分類：哺乳類ビーバー科
体長：63～76㎝
分布：北アメリカ

園にあり、なんと長さ850m。ビーバーが、1970年代から何世代にもわたって作り上げたものとか。驚愕なのは、衛星写真にも写っていたこと。つまり、宇宙からも見えるというわけです。ビーバー、恐るべし。

そんな動物界のプロ土木作業の超達人ビーバーですが、巣はオスとメスのペアで作り上げ、メンテナンスやリフォームをしながら、夫婦でずっと使い続けます。

つまり、哺乳類では珍しい一夫一婦制であり、一度ペアになると、基本的には偕老（かいろう）同穴（どうけつ）。ふたりの愛の結晶である巣で、ふたりの愛の結晶である子を産み、巣立つまで夫婦で助けあって育てるのです。

一夫一婦なビーバーですから繁殖期に相手となるのは、パートナーがいれば、もちろんその相方。いない場合——人間でいう独身であれば、探すことになります。

このとき、既婚であっても独身であっても、ポイントとなるのはにおいです。

ビーバーには、肛門の近くに「香嚢（こうのう）」という袋があります。そのなかには、思わず「クッサ！」と言っちゃいそうなにおいのする、黄褐色の分泌物が入っています。オスはこの分泌物を、自分の縄張りのあちこちにつけて回ります。

このにおいには、「ここが私の縄張りです」「自分はここにいるよ」と単純に知らせるだけでなく、じつはいろんなメッセージを発信するためのSNSというか出会い系マッチングアプリというか、そんなコミュニケーションツール要素もあります。

例えば、「私は繁殖期に入りました！」ということを周辺にいるビーバーに知らせるとか。既婚ビーバーなら、「ハニ～♥ 今夜あたり久しぶりにどうだい？」的なお誘いのお知らせを妻にダイレクトメールする感じとか。独身なら「俺、恋人募集中っす！ 気に入ってくれたら、リプライください。おっす」みたいな。そんな個人情報を分泌物のにおいでシェア、拡散するのです。

これを嗅ぎとったメスは、既婚者ならば「ふふ、こっちも準備いいわよ♥」もしくは「まだダメよ、ダメダメ」と受け入れたり受け入れなかったり。独身なら、「あら？このにおい、あたしけっこう好みだわ。ちょっと会ってみようかしら」となったり。相手が見つからなかったら、においをつける場所をもっと広げたり。そうして一緒に川で泳いだり、イチャイチャしたりして仲良しになっていくのです。

そんなわけで、オスの分泌物のにおいをふと嗅いで、「あ♥ この人、いいかも」と誘われるメスを人間にたとえると――

# こんな感じ

あ……今の香り、あたし好きかも。

## 口をガバッと開けまして

# カバ

陸上の動物としては、ゾウに続いてナンバー2の大きさを誇るカバ。

水辺や湿地で暮らし、ほとんどの時間、川などの水中で生活をします。皮膚が乾きやすい上、体重が2t以上あるので、水中のほうが陸上より楽なのでしょう。

そのため、体も水中生活に対応しています。例えば、鼻や目、耳は顔の上のほうに集まっています。おかげで、水面から顔を少し出すだけで、あとはどっぷり水につかっていられます。また、耳や鼻の穴は開閉自由自在なものだから、潜ったって水が入りません。四肢には小さいながらも水かきがあるので、潜ったり水底を軽やかに歩いたりもできます。しかも潜水時間は最長5分。

ずんぐりとした体型に、巨顔、短いあしがなんともファニーで、のんびり屋さんなイメージがあるかもしれませんが、ところがどっこい、見た目に騙されてはいけませ

分類：哺乳類カバ科
体長：290～420㎝
分布：アフリカ、サハラ砂漠以南

ん。走る速度は時速30～40㎞にもなり、最近の研究では、走っている最中、４本のあしが浮くタイミングがあることもわかりました。あの体型でも、あしが速いのです。

しかも、温和どころかカバはかなり短気で凶暴です。アフリカでは、ライオンやワニよりも危険な動物に認定されていて、カバの超重量&猛突進などにより襲われて死亡する数は年間５００人とも。

草食動物なのに、なぜ人に襲いかかるのかというと、縄張り意識高い系だから。自分のテリトリーにズカズカ入ってくるやつが許せないというわけです。


そんな気性の荒さ、縄張り意識は、もちろんカバ同士でも日々、炸裂しまくり。特に、縄張りやメスを巡って、喧嘩っ早いのですぐバトルが巻き起こります。

カバは、メス同士と子どもからなる群れをつくり、オスはその周りで、単独生活を送っています。そして、においで自分の縄張りをアピールするため、尾を振り回してウンコをまきちらしながら、「どっかに発情しているメスはいね～かな～」と、ウロウロしています。

そんなとき、群れのなかに発情したメスが出現！　さぁ、こうなればオスにチャンス到来です。発情メスに気づいたオスは、アプローチをかけに行こうとしますが……同じように他のオスも、「どっかに発情しているメスはいね～かな～」と、発情メスを探しているわけで、見つけたもの同士の、戦いの火蓋が切られます。

そのメスを巡るバトル方法は――口の大きさ比べ。オス同士で鼻先を合わせ、口をガバッと、開けるのです。勝負は、口を大きく開いたほうの勝ち（最大150度も開くのだとか。また、長い牙も勝負のポイントになるようです）。

もしこれで決着がつかないときは、大怪我のリスクもあるガチンコ肉弾戦。そんな争いを見せられるメスは「あたしのために……やめて！」なんて思うのか、はたまた「あたし、強いオスの求愛を受け入れてあげるわよ！」なのか？　カバの気持ちはわかりませんが。

でも、勝者は、発情メスと交尾〝できるかも〟な権利を得たにすぎません。ここでオスはメスの顔に尻を向け、そのにおいを嗅がせるといいます。羞恥プレイではなく、オスが自分に子孫を残す力があるか、においで知らせるのだとか。そしてメスに受け入れられたら、晴れて交尾にいたれるのです。

さて、最後の「人間にたとえたら」。メスを巡るカバの争いをフィーチャーすると――

# こんな感じ

ほら、俺の口のほうが3ミリでかいだろ！

## 恋は女王の思し召しのままに

# ブチハイエナ

ブチハイエナといえば、死肉をあさる！　獲物を横取り！　それこそ哲学者アリストテレスが「腐った肉が異常に好き」なんて書いたり、ディズニー映画なんかが悪者に描いたりするものだから、ダーティーなイメージがこびりつきまくりです。

でも、それは大きな誤解です。ハイエナの名誉を回復させようではありませんか！

そもそも、ふつうは食べられない死肉を食べられるのは、ハイエナの特殊能力あればこそ。骨をも砕く強い顎と牙、腐っていてもへっちゃらな胃を備えているから可能なのです。しかも、ブチハイエナの食べ物としては、死肉のウエイトはたいして大きくありません。なぜなら、自分たちで獲物を捕まえるからです、横取りではなく。

というのも、ブチハイエナは、アフリカの肉食動物のなかでも指折りの超優秀なハンターだからです。群れでチームを組み、地形に応じて獲物を待ち伏せし、囲い込み

分類：哺乳類ハイエナ科
体長：125〜160㎝
分布：アフリカ、サハラ砂漠以南

など戦略を駆使。狩りの成功率はなんと6割以上との説もあります。獲物を横取りするなんていわれるのも真実は逆で、体格ではかなわないライオンなんかに横取りされる側なのです。

ブチハイエナの優秀なハンティングチームであり、生活をともにする群れは「クラン」と呼ばれます。6～130頭ほどの集まりで、群れには序列があり、トップに君臨するのはメス。狩りの指揮をとったり、クランの統率を行ったりします。まさに女王！　それに従い、狩りや子育てをサポートするのが下位のメス。さらにメスに従属する〝下男〟的な立場のオスがいて、クランを守ったり、狩りに参加したりします。そう、ハイエナは母系社会で、序列も明確、メスはオスより立場が強いのです。その大きな理由のひとつが、体格差にあります。メスはオスよりも体が1割ほど大きいのです。この時点で、力では勝てなくなります。

さらにハイエナには超特殊事情が！　それは――何を言っているかわからないかもしれませんが、ありのままに話せば、メスにも〝ペニス〟があること！　正しくは〝擬ペニス〟といって、ペニスの機能をもつそっくりさん。それじゃ、交尾はどうすんの？

というと、メスが擬ペニスをお腹のなかにグッと引っ込めちゃうのです。その間だけ、膣（ちつ）ができるので交尾可能。ということは、オスは体格で勝てないから力ずくでいけない、しかもふだんは膣がないので許可がなければどうしたって交尾できません。

完全にメス優位ですから、オスにはメスを選ぶ権利なんてありません。


一癖も二癖もある交尾事情。だから、求愛もまずはメスから始まります。ハイエナは、12種類の鳴き声を使い分けてなかまと連絡を取りあったりコミュニケーションしたりします。そして求愛のときにはクランのなかで、「ウォ〜オンッ」とか「オロオロ」というような鳴き声を発します。これは、「どこかにいい男いないかしら♥」ってところでしょうか。この声は数km先まで届きます。

この声を聞いたオスにチャンス到来！「待ってました」「このビッグウェーブに乗り遅れるな！」と、自分たちも「ウォ〜オンッ」「オロオロ」と求愛鳴きをして、「僕でいかがでしょう」「俺、いい仕事します」とアピールします。そして、メスのお眼鏡にかなったラッキーなオスが数頭、交尾の権利をゲットするというわけです。

人間にたとえると、男性の多い婚活パーティーに積極的な女性が来たような――

# こんな感じ

今日はゼッタイ、射止めるわよ……！

## ほとばしる恋の尿

# ニホンノウサギ

日本最古の歴史書『古事記』に、「因幡(いなば)の白兎(しろうさぎ)」の神話があります。その「白兎」こそ、日本在来のノウサギです。

ウサギというと、ペットでもおなじみのカイウサギ（アナウサギ）を連想する人も多いでしょう。でも、ノウサギはそれらとはけっこう違っていて、特定の巣穴をもたない野宿生活。昼間は木の根元や藪のなかで休むのです。

ウサギは季節によって毛の生え替わりがあり、日本海側にすむノウサギの場合は毛の色も変わります。ニホンノウサギは、夏毛は森林や草原に紛れる茶色、冬は雪景色にカモフラージュできる真っ白カラー。ただし耳の先はいつもちょっと黒です。

また、けっこうなスプリンターで跳躍力優秀！　カイウサギが水平方向に1mほどジャンプするところ、ノウサギはその何倍も跳べます。ジャンプしながら走る速度も、

分類：哺乳類ウサギ科
体長：43〜54㎝
分布：本州、四国、九州他

カイウサギが最高時速40〜60㎞ほどのところ、ノウサギのトップスピードは驚異の70〜72㎞なんていわれています。しかもかなりの長距離でもスピードを維持できるほど、後ろあしの筋力がバカ強いのです。

この脚力は、捕食者であるキツネやイタチといった食肉類や、ワシやタカなど猛禽（もうきん）類から逃げるのに大いに役立ちます。めちゃ速いですから。さらに！　ノウサギ同士の求愛のときにも重要な力となってきます。

まず、メスは発情すると、俗に「赤ション」と呼ばれる赤色っぽいおしっこをするようになります（雪が降り積もる季節なら、雪上でこの赤ション跡を見ることができます）。「私、準備できてます、いつでもいけるから、追いかけて♥」という合図です。メスは体力や気力のあるオスを選びたいですから、走って自分を追いかけさせます。

一方、秋頃のオスは、睾丸が体内に引っ込んでいて、交尾への興味もないため赤ションにも関心を示さないのですが、冬から夏だと睾丸も降りており、メス探しを始めています。そんなとき、この赤ションのにおいを嗅ぎつけると、メスを目指して全速力で追い回さずにはいられなくなります。

こうしてメスを追ってきたオスたちで、血湧き肉躍るバトルロイヤルが開幕！　自慢の脚力をフルに使ってジャンプして、激しく蹴りあいまくり。ノウサギはもともと皮膚が薄いものですから、血も綿毛も飛び散る大激戦！　そして、まさに死闘を制したものが、メスへの求愛の権利を獲得するのです。

メスは勝者に対して交尾することを認めて、その場にうずくまります。オスは勝利に酔いしれたかのように、メスの周りをぐるぐると跳び回ることを繰り返します。そのとき、オスはメスに少しずつ、おしっこをひっかけ出します。ピョーン、シャー！ピョーン、シャー！　です。

するとメスはオスのおしっこのにおいでウットリ。尾を上げて、交尾しやすい体勢をとり、これでお互いの思いは遂げられます――でも、1回じゃ終わりません。またメスは走り出し、オスはその周りを走りながら回り、ピョーン、シャー！　で、交尾。これが一晩のうちに何度も繰り返されるのです。なんて絶倫！　ちなみに、アメリカの成人向け雑誌「プレイボーイ」のロゴマークがウサギなのは、そんな絶倫さ、繁殖力が由来なのだとか。

さて今回は交尾直前のハイライト！　ピョーン、シャー！　を人間にたとえたら――

# こんな感じ

愛のシャワーをかけさせてくれ！

## 鼻を噛ませていただきます

# ラッコ

最大のイタチで、漢字で「海獺（うみうそ）」――すなわち「海のカワウソ」という名をもつ海棲（かいせい）哺乳類、それがラッコです。

かつては水族館でもおなじみの動物で、「よく観たよ」なんていう人もいるでしょう。しかし、野生では絶滅危惧種で、保護のため輸入が禁止され、飼育下での繁殖の難しさ、ラッコの高齢化などで数は減っていき、国内の水族館で観られるのは、２頭のみ（２０２５年3月現在）……でも、飼育頭数は落ちても、ラッコ人気まで落ちることはありません。なんといっても、可愛すぎるところが、もう♥

仰向けで水面にぷかぷか浮かんでいる姿が超キュートなのは言うに及ばず、その生態も知れば知るほどかなりキュンキュンさせられます。

自分用の石をもっちゃって、これを胸に置いて硬い貝殻をコンコン叩いて割る姿のほっこり感。小石はふだん、脇の下の皮膚のたるみをポケットのようにして、しまっ

**分類**：哺乳類イタチ科
**体長**：76～120㎝
**分布**：北太平洋沿岸

ています。貝などの食べ物を入れておくことも！　けなげな子どもみたい！

ラッコが暮らす北太平洋は、夏以外は10度以下と水温低めでけっこう寒いのですが、ラッコは防寒対策がばっちり。毛の本数が哺乳類界最多の8億本あり、毛の間に空気をためてホカホカなのです。ただ、あしの裏には毛がありません。そこで、前あしの裏を自分のほっぺや目に当てて温めます。その様子、あざと可愛いッ！

また、海上暮らしなので、寝るときは海藻を体に巻きつけて海流にさらわれないようにしています。飼育下だとラッコ同士で手をつないで寝る姿も。愛おしい！


そんな「可愛い」要素が渋滞しまくっているラッコなのに、求愛については「そこも可愛くあれよ！」……思わず引いてしまうくらい、対極なのです。

ラッコはメスとその子どもの群れと、オスの群れとが、付かず離れずな距離感で別々に暮らしています。ですが、メスは発情すると、オスの群れにふらふら〜っとお出かけしていきます。「私はただいま恋人募集中」です。

オスはそれに気づくと、ウェルカムムード。メスに近づいていきます。このとき、1頭のメスを巡ってオスによるバトルが始まる……ことは、ラッコの場合ありません。

メスの発情タイミングと合致したオスが、メスにコンタクトを取ってくるのです。

オスはメスを鼻先でつついて、軽くじゃれあいます。これで相性を診断しているのか、メスが「いいわよ」となったら、カップル成立。ん？　求愛については「可愛い」の正反対といいながら、むしろなんだか微笑ましいような……と、ここまでは思えます。

修羅の世界が始まるのは、ここからです！　オスは突如、メスの背後に回り、メスが動けないように、その体を前あしで押さえると、鼻先にガブリッ！　嚙みつきます。思いきり容赦なく嚙みつくので、出血することだってあります。でもオスはおかまいなし。もちろんメスは痛いのですが、哺乳類にとって鼻先は、押さえられると抵抗できなくなるウィークポイント。嚙むことで、オスはメスの行動の自由を完全に奪い、体勢が安定しにくい海のなかで体が離れないようにして、交尾をやり遂げるのです。

あ。これではオスがただただひどいだけにも思えるので、ひとつフォロー。交尾の間、オスがメスの鼻を嚙んでいれば、メスの顔を水上に出した体勢にしておけるので、呼吸が確保できる、窒息しない、という説もあります。

まぁ、ともかくメスは大変。そんな求愛鼻嚙みラッコが人間だったなら——

# こんな感じ

君が好きで、
むしろ僕のほうが鼻血が出そうなんだ！

## 互いに回って恋！

# カモノハシ

1798年、大英博物館の動物分類学者ジョージ・ショー博士は、まぁびっくり。オーストラリアから変わった動物の毛皮が送られてきたので、鑑定しようとしたのですが、型破りしまくりだったのです。

どんなものだったかというと――カワウソのようにたくさんの毛が生えています、これはいいでしょう。平たい尾と大きな水かきのある四肢。これも、ビーバーとかいるし。頭には、カモそっくりの嘴（くちばし）……ん？　んん？　これはどう解釈したらいいのやら、です。「ああ、作り物ね」と博士は嘴をはさみで切ろうとして、すぐに手を止めました。珍妙すぎるけど「マジもん」とわかったからです。そうして新種認定されたのが「カモノハシ」です。

その後、カモノハシの研究が進むと、原始的な動物だということがわかり、嘴以外にも奇妙奇天烈の詰め合わせ動物なことが、どんどんわかってきました。

**分類**：哺乳類カモノハシ科
**体長**：30〜40㎝
**分布**：オーストラリア東部、タスマニア島例えば、カモノハシは水辺で暮らす生き物です。水中で昆虫やミミズなどの獲物を探すとき、獲物が動く際に出す弱い電流を、嘴で感じ取って見つけるのです。また、水に潜るときは、目をほとんど閉じて泳ぎます。泳ぐのが得意な動物なのに。オスの後ろあしのかかとには、毒を出す蹴爪（けづめ）があります。カモノハシは哺乳類ですが、毒をもつ哺乳類は数少なく、とても珍しいです。

他の哺乳類と同じく、赤ちゃんを乳で育てるのですが、メスには乳首がありません。お腹の皮膚の下にある乳腺から、汗のように滲み出る乳を舐めさせるのです。しかも、排泄する穴と卵を産む穴がひとつになっています。そう、カモノハシは哺乳類ですが、赤ちゃんではなく卵を産むのです。めちゃ変わっていますね。

そんなカモノハシの求愛ですが、外見やら生態やらが変すぎるので、めちゃぶっ飛んでいたらどうしようと思いますが、わりとちゃんと（?）しています。むしろ、われわれの視点からなら、ちょっとロマンチックかも。順々にいきましょう。

まず、繁殖シーズンになると、メスが水辺に巣穴を掘ります。巣穴には枝分かれしたトンネルがあり、奥行き30ｍとなかなか長め。これはヘビなどの敵に襲われないようにするのに役立つとか。奥には草を集めて敷いた、産卵と子育てのための部屋をつくり準備完了。ちょうどその頃には、メスはオスの求愛を受け入れられるようになっています。そこで、オスはメスの後を追うようになります。まさに「女の尻ばかり追う」という感じでしょうか。でも、メスのほうも、ついてきたオスを追いはじめます。

ということは、お互いがお互いの後を追うわけで、くるくる回り出すことになります。これは水中に限らず、陸上で行われる場合もあります。とにかく大事なのは、くるくる回ること。愛のくるくるダンスです。そうやって相性を確認しているのでしょうか。メスがＯＫと判断したら、オスの尾をパクッとくわえ、マッチング！

ただこのとき、仲良く回っているオス・メスの間に、他のオスが割り込んでくることもあります。空気が読めないタイプじゃないんでしょうが、いきなり恋のライバル出現です。そうなると、オス同士、蹴爪を武器に、どちらかが逃げ出すまでバトルです（カモノハシ同士では蹴爪の毒で死ぬことはないようです）。で、勝ったオスは、メスの巣穴に招かれて、晴れてマッチング。メスの部屋で交尾してゴールイン♥です。

それにしてもメスとオスでくるくる回って相性診断、カモノハシ同士の気持ちはわかりませんが、人間視点では楽しそうですね。きっと人間ならその様子は――

# こんな感じ

追われるより追うほうが好き……って君も?

## 海洋の歌手、君への愛を歌う

# ザトウクジラ

　野生のクジラは、見る機会がなかなかないもの。ですが、ザトウクジラは毎年、冬から春にかけて沖縄近海に回遊してくるので、運がよければ日本でもホエール・ウォッチングで出会えるクジラです。そう、ザトウクジラはひとつの海域にとどまらず、季節ごとに回遊するのです。

　暮らす海域、回遊コースは群れごとに異なります。大雑把にいうと、夏は、北半球にすむものは北極方面、南半球にすむものは南極方面の海へ移動。冷たい海は、獲物となるオキアミや魚が豊富なので、たらふく食べまくり、脂肪をつけまくります。

　そして冬になると、エネルギー消耗が少なくて済む暖かい海に移動して、交尾や子育てを行います。回遊の移動距離は、群れによっては、なんと数千kmになることも。

　この交尾や子育てのため、まずメスたちが繁殖海域への移動を始めます。繁殖のた

**分類**：哺乳類ナガスクジラ科
**体長**：13～15m
**分布**：世界中の海、外洋～沿岸

めでもあるし、前年の夏、妊娠したメスなら出産のためでもあります（ザトウクジラの妊娠期間はちょうど1年）。とにかく暖かい海に向かう理由がちゃんとあるのです。すると、オスたちも「俺たちも行くべ」となります。もちろん、メスと交尾する目的があるわけで、そうじゃなければ、食べ物が豊富な冷たい海で暮らしていたほうがいいわけで。そんなわけで、メスもオスも、繁殖海域への旅がスタート。そして、ここからオスたちによる求愛が始まります。それは、哺乳類では珍しい方法——歌です。

哺乳類の求愛では、においがポイントになることが多いのですが、クジラが暮らすのは海。歌は水深600〜1000mの層から聞こえてきますが、この層では水の性質上、音は立体的には広がらず、平面的に広がります。この〝音のチャンネル〟では、声はとても遠くまで伝わるのです。ここでは春になると、ザトウクジラたちが遠い距離を隔ててお互いに呼びかけあいます。

ザトウクジラのオスは、回遊しながら歌い出し、1曲を何十分も歌い続けながら、メスへのアピールを開始します。最初は前年に歌っていた歌と似たようなもの。ところが、「もうナツメロじゃね？」「歌は世につれ世は歌につれっしょ！」と、インフルエンサー的なオスがいるのか、誰かが編曲したり新曲を歌い出したりすると、それが大流行し出して、その年のヒットソングに！　このように、暖かい海に移動しながら、先行くメスにも歌を聞かせて自分の存在をアピールしまくるのです。こうして繁殖海域にたどり着いたとき、メスもオスと直接出会う前から、「私の好きなあの歌声の男子は、あなたね！」と恋人候補の目星をつけておくことができるのです。

で。今度は直接出会って、「お互いの相性よくね？」となったら、カップル成立。2頭でじゃれあうように泳ぐなどして、無事、交尾を済ませて、「はい、さよなら」……ではありません！　なんと、さらに一緒にデートしたりするのです。

また、繁殖海域には子連れのメスや、その年、出産したメスもいます。子育て中のメスは基本、発情しないのですが、その周りを、母子を守るようにオスが泳ぎます。これを「エスコート」といい、まさに紳士的行為。とはいえ、もちろん、あわよくば、隙あらば、許されるならば、交尾できるチャンスもうかがっているようです。

なお、南半球オーストラリアのザトウクジラには、最近、歌ではなく、メスを巡ってオス同士、体当たりや頭突きの「拳で決着をつける派」が出てきたとか。とはいえ、歌はまだまだ彼らの求愛におけるアイデンティティ。これを人間にたとえると――

# こんな感じ

僕の声よ……君に届け……!

石をささげる意思、あります

# アデリーペンギン

世界に18種いるペンギンのなかでも、もっともメジャーといえるのがアデリーペンギンです。

白と黒のタキシードカラーで、目の周りに白いリングがあります。これがチャーミングさのポイントなのか、アニメをはじめ、交通系ICカードなどでキャラ化されまくりの人気者。

また、ビジネスの世界で、未開拓の領域に率先してチャレンジする人のことを「ファーストペンギン」なんていいます。その言葉の由来は、天敵がいるかもしれない海へ、魚を求めて最初に飛び込む勇気ある1羽のアデリーペンギン。まぁ、実際は、群れのなかまが1羽を海に突き落として、天敵がいないか確かめ、安全とわかればみんな海に入るという習性なのです（いやマジ、可愛い顔して怖すぎやりすぎ）。

海に飛び込んで魚やイカなどの獲物をとるくらいなので、もちろん泳ぎは上手。な

分類：鳥類ペンギン科
全長：70㎝
分布：南極大陸とその周辺

んと往復３００㎞も泳いだり、１８０ｍも潜ったりすることがわかっています。

また、ヨチヨチとバランス悪く歩くイメージがありますが、ほんとは歩くのも得意。夏、繁殖期になると、海から陸上の営巣地まで50㎞を移動しちゃうのです。


というわけで、繁殖期の話。

アデリーペンギンのオスは、メスより先に営巣地にやってきます。そこで、小石を集めて積み重ねて上を平らにした巣をつくりながら、前年につがいになったメスの到着を待つのです。

ただし、待つのは数日だけ。南極の夏は短いのです。気長にやってられないのです。だから前年の相手がなかなか到着しない場合は、とっとと、他のメスとペアになります。そのため、アデリーペンギンはめちゃめちゃ離婚率が高いのです。なお、新たなペア成立後、前年にペアだったメスがちゃんとオスのもとに来ると、メス同士で大喧嘩になるとか（可愛い顔して怖すぎ修羅場すぎ！）。

アデリーペンギンの巣は、小石をより高く積んだものほどよいとされます。なぜかといえば、雪解けのときに卵が水没しないから。非常に合理的。

そしてもうひとつ理由が考えられます。それは、アピールのため。

オスは積み上げた小石の上に立つと、嘴を空に向けて高く上げ、「クエ、クエ、クエー」と大声で鳴きながら、フリッパー（翼）を左右にうち振ります。これは「恍惚のディスプレー」と呼ばれ、自分はどれだけ体がしっかりしていて、健康なのかをメスに見せつけているのです。まさに歌とダンスでアピール、みたいな感じでしょうか。

これにメスも鳴き返して応答。相性がいいなとメスが思えば、ペア成立です。

よく、アデリーペンギンのオスはメスに小石をプレゼントしてプロポーズするなんていいます。小石はアデリーペンギンにとって、巣作りにも使う大切なもの。でも、プロポーズの成否は「恍惚のディスプレー」の時点でほぼ決まっているので、小石のプレゼントは「さあ、僕のつくった巣で繁殖しないかい？」っていう、ダメ押し的なものかもしれません。

余談ですが、ペアの成立しているメスが、巣の小石を他のオスにプレゼントすることがあります。小石をもらったオスはすぐさまそのメスと交尾。終わると何事もなかったかのように、自分の巣に帰ります（可愛い顔してさらりと不倫とかドロドロすぎ！）。

さて、このようなアデリーペンギンにとっての小石の話を人間にたとえると――

# こんな感じ

素敵な石と家を用意したけど、どうだい?

# メイン鳴き声、サブ飾り羽

## クジャク（インドクジャク）

キジのグループの鳥は、大雑把にいえば、翼は短く、あしががっしりめで強いという特徴があります。なので、飛べないことはないものの、むしろ地上暮らしでガシガシ歩きます。また、オスの多くは、美しい羽をもち、メスはけっこう地味めです。

クジャクはまさに、そんな美しい羽をもつキジなかま代表といえる鳥でしょう。

分類：鳥類キジ科
全長：180～230㎝（オス）
　　　90～100㎝（メス）
分布：南アジア

クジャクといえば、オスだけがもつ目玉模様の羽。扇形に広げている様子を思い浮かべる人も多いでしょう。われわれの目から見ても、あれ、イケてますが、２０００年以上昔から大人気。ローマ貴族の観賞用に飼われていることもありました。食用でもあったのでペットという感覚とは違うようですが。

そんなローマ貴族を魅了したクジャクのあの羽は、長い尾羽と思われがちですが、違います。尾羽の上側を覆うように、尾羽の付け根あたりから生えている飾り羽（上尾筒）です。いつも飾り羽があるイメージですが、季節限定のもので、繁殖期になると生えてきて、繁殖オフシーズンに入ると抜け落ちます。

つまり、飾り羽は、オスがメスに求愛するためのもの。飾り羽の全長は１・５ｍにもなり、生やすだけでもかなりのエネルギーをロスします。求愛のためだけにそこまで大きくし、しかも目玉模様を進化させてきた、重要求愛アイテムなわけです。

クジャクはふだん、メスは子どもと群れですごし、オスは単独で暮らしています。そして繁殖期が始まると、オスはメスの群れを訪れます。

で、オスはメスを前に、どんどん気分が高まるのでしょう、興奮から筋肉が緊張、収縮します。その結果、飾り羽がババッと立ち上がります。そう、オスが扇形に羽を広げるのは、意識的にやっているのではなく、生理現象みたいなものなのです。

オスは立っている飾り羽をメスに見てもらおうと「ほれほれ」とアピール。とにかく目立って気を引かなければ、というわけ。メスはそんな様子を、まずは遠くで見るものですから、やはり飾り羽は目玉模様が多いほうがアピールできるようです。そして「いい羽してるわね、好みの男かどうか近づいて見ますかね」と接近。近くでは、メスは飾り羽の目玉模様には関心がないようで、飾り羽の下のほうばかり見るのだとか。ちなみに、ひと昔前は、飾り羽の目玉模様の数が多いものがモテるといわれていましたが、メスは近くでは目玉模様を見ていなかったとは！　それにしてもメスは、飾り羽の「下」の、どんな点を見定めているのでしょうね。

ともあれ、オスは、メスが自分に注目してくれているチャンスに、さらにアピール。飾り羽を小刻みに震わせて音を出したり、鳴き声を何度もあげたり――実際は、この鳴き声こそが、求愛の最重要ポイント。特に、鳴き声を連続的に何度も出せるオスほど、体力があるという証明でもあり、求愛の成功率は高いのだとか。

ただし、こうして必死にアピールしても、交尾にいたれるオスは意外と少ないようです。ある大学が、34羽のクジャクの交尾回数を調査したところ、交尾できたのは12羽、うち1羽のモテオスは9回も交尾したとか。残り22羽は求愛したけど、メスに相手にされなかったというわけです。クジャクのオスの世界は、かなりのモテ格差があるようで。

そんな、「派手な俺を見て」アピールから始まる求愛を人間にたとえると――

# こんな感じ

まぁ、そう見とれるなって……。

## 愛を確かめあう〝死の螺旋〟

# ハクトウワシ

分類：鳥類タカ科
体長：71～96㎝
分布：北アメリカ

その精悍な姿、堂々と飛翔する姿から、まさに〝鳥類の王者〟と呼ぶにふさわしいワシ。

なかでも最大級の一種、ハクトウワシは、頭から首までが白く高貴な雰囲気で、黄色く鋭い嘴はキリッとしており、めちゃイケメンイーグル。

アメリカの固有種で、〝アメリカの象徴〟とされてきた国鳥です。余談ながら、従来国鳥扱いされていましたが、意外にも公式に認定されたのは２０２４年12月のこと。ついこないだです。

ハクトウワシは狩りの能力も高く（あの見た目で狩りがヘタだったらちょっと引きますね）、視力は人間の８倍。これ、いろんな考え方にもよりますが、１㎞離れた地上にいるネズミなどの小動物が見えちゃうほど。しかも翼開長（翼を開いたときの端から端までの長さ）が２ｍはダテではありません。飛行速度は時速１４３㎞なんて記録もあるくらいで、めちゃ速い。もう、ハクトウ先輩に見つかったら、逃げきれません。見つかった瞬間、鋭い鉤爪（かぎづめ）でガッキ〜ン！　捕えられ、食われちゃうから。

そんなヤバめなハクトウワシが食べるのは、主食の魚類以外には、死肉だったり他の動物がゲットした獲物だったり（つまり横取り）。え、思ったよりカッコわるい？

ちなみにベンジャミン・フランクリンはハクトウワシのそんな泥棒行為から、アメリカの国鳥にすることに反対していたのだとか。

と、カッコいいんだか、ひどいんだか、人間視点では二面性のあるハクトウワシですが、求愛に関しては、人間視点でもけっこうばっちりカッコいい行動をとります。どんな行動かというと――人呼んで〝死の螺旋（らせん）〟！　なにその名前、〝死〟とかついてて超怖い。いやいや、怖いのは名前だけではありません。

ハクトウワシは、生涯一夫一婦が基本。そんな一生の伴侶を求めるとき、オスは鳴き声をあげたり、飛び方を変えたりして、意中のメスにアピールします。

このアピールに、「あなたの本気、試させてもらうわ」と思うのかどうか定かではありませんが（ワシの気持ち、わしにはわからん）、メスはオスのもとに飛んでいきます。そして——高空で、オスとメスはお互いの鉤爪をガッチリからませあいます。もう一方が外したくても外せません。がっつりグリップ状態。そのまま翼を広げてくるくるくるくる回転しながら、地面すれすれまで落下するのです！

マジでデンジャラス。なんでそんな危険なことをするのかというと、この行動は「同調」というものかもしれません。動物は運命共同体としてお互い助けあう生き方をするとき、他者と同じ行動をとる（同調する）ことで互いの絆を深めることがあります。ハクトウワシのペアも、こうして命懸けの同じ動きを通じて、ペアとしてのイチャイチャ度を測り、相性の確認をして絆を深めているのでしょう。

ちなみに、危険とはいいつつ、くるくる回って落下するのは結果的なもので、しかも翼開長が約２ｍもある２羽が翼を広げているわけで、落下速度はそれなりに落ちるもの。実際は、危ないには危ないけど、リアル・バンジージャンプというよりアトラクションとしてのバンジージャンプくらいの危険度かもしれません（なかには地上落下するペア、いるかもですが）。

まぁ、ハクトウワシの夫婦は、危険をおかし、互いの愛情をしっかり確認するからなのか、離婚率は５％以下とか。そんなドキドキの求愛行為、人間にたとえると——

# こんな感じ

くるくる回ると、ますます好きになってくる〜！

# 巣の足しにしてください
# トキ

分類：鳥類トキ科
全長：55〜78.5㎝
分布：日本、中国南部

特別天然記念物トキは、日本の国鳥ではないものの（国鳥はキジ）、「ニッポニア・ニッポン」なんて学名で、日本を象徴する鳥でもあります。

絶滅したなんて聞いたことがある人もいるでしょう。実際、日本産のトキは、1981年に残っていた5羽を保護して野生では絶滅、さらに2003年に最後の1羽が死に、絶滅しました。でも、中国産のトキの人工繁殖に成功し、2008年に佐渡島で10羽を放鳥。その後、野生では500羽以上に増えています。今は佐渡島だけですが、今後は本州に放たれる計画もあるようです。

絶滅から復活へ、紆余曲折のドラマがあるトキですが、その分類でもすったもんだが……。姿がコウノトリに似ているので、かつてはコウノトリのなかまに分類されていました。ところが、DNAを調べたらペリカンに近いことがわかり、2012年からペリカンのグループに移籍（?）したのです。なかなか落ち着きませんね。

トキの名前、漢字では「朱鷺」がおなじみですが、「桃花鳥」「紅鶴」なんて書く場合もあります（「紅鶴」はフラミンゴにも使いますが）。漢字から想像できるように、その色は「朱鷺色」なんて呼ばれる薄いピンク。とても鮮やかでキレイです。が。繁殖のシーズンになると、その羽毛が灰黒色っぽくなります。羽が生え替わるわけじゃありません。首の皮膚から剝がれ落ちる黒い物質を自分で塗りつけているのです。そうすることで、繁殖できますアピール&繁殖のとき天敵に見つかりにくい保護色になります。また、より黒いほうがモテるなんて説もあります。いわばモテのためのメイクでもあり、こんなことをする鳥は、世界広しといえども、トキだけだそう。

というわけで、トキの求愛の話になだれ込んでいきましょう。

メイクしたトキたちは、群れのなかでパートナーを求めて相手を見つけます。そして、「付きあってください」の告白タイム。トキのオスは、そこらへんの小枝を嘴でくわえて、気に入った相手に渡します。この行為を「枝渡し」なんていいます。そのままのネーミングですね。

相手がオスに気がなければ受け取らないし、その場から逃げていってしまうことも。気があれば受け取ったり、またオスに渡し返したり。渡されたオスはまたメスに渡す……みたいな調子でじゃれあい、仲良しゲージを「友達」レベルから「恋人未満」レベルへと高めます。なんで枝なのかといえば、トキにとって枝は巣材だからです。恋人同士になれば、オスが巣材の枝を集め、メスはそれで巣をつくる共同作業をしますから、恋人未満のときの枝渡しは、「将来、僕と愛の巣をつくりましょう」「この枝は巣をつくる足しにしてください」なんて意味もあるのかもしれませんね。

枝渡しに加えて、お互いの嘴で羽を整える「羽づくろい」を繰り返したり、嘴をからませたりして、仲を深めます。そして、オスがメスの背に乗り、お互いの尻がくっつきあわない「擬交尾（交接）」で仲良しゲージもついに「恋人」レベルに！

ペアになったら、群れを離れ、お気に入りの木に移動。そして、前述のように2羽で協力して巣をつくるのです。ちなみに、巣作りに選ばれる木は、過去に自分たちなり他のトキなりが繁殖に成功したものが人気なのだとか。

そんなトキの求愛行為である枝渡し……枝は巣材だというわけで、人間なら——

# こんな感じ

トキめくプレゼント、もってきたぜ！

## 芸術爆発的！　こだわりの東屋へ

# アオアズマヤドリ

ニワシドリをご存じでしょうか？　オーストラリアやニューギニア島に20種おり、そのうち17種には、ある特徴が見られます。

それは――名前からもわかるように、「庭師」みたいな鳥なのです。それってどういうことかといえば、まるで庭園にしつらえた東屋のような構造物をつくるのです。

例えばカンムリニワシドリは、小枝を組み合わせて、タワーのような東屋をつくります。また、チャイロニワシドリは、花や木の実で飾った、ドームを思わせる屋根型の東屋をつくります。まさに庭園芸術家。ほんと、見た目もけっこうイケてるので、一回、この文章読むのやめて、ググってみてみて――はい。本当に検索してもらえていたら、お手間をかけてくださり、ありがとうございます。どうでしたでしょう？　けっこう立派な雰囲気の巣じゃね？　と思えたのではないでしょうか。

**分類**：鳥類ニワシドリ科
**全長**：33㎝
**分布**：オーストラリア東部

でも、ニワシドリがつくるのは、巣じゃないんです。そこで子育てはしないんです。じゃあなんなのかといえば、あくまで、オスがメスを口説くための場所なのです。

そこで本稿の主役、アオアズマヤドリの求愛を見てみましょう。

アオアズマヤドリのオスが繁殖期につくる東屋は、木の枝を立ててU字状に組み上げたものです。嘴で木の枝を地面に刺し、木の根や葉などはよく噛んで唾液と混ぜ合わせ、ノリ状にして補強材に使う念の入れよう。

さらに！　こうして組み上げた東屋の周りに、アオアズマヤドリは、青い色のものをちりばめます。それは、青くて彼らが気に入ればなんでもOK。自然にあるものである必要はまったくナッシング！　青い花、青い貝殻、青いプラスチックの破片、青いビニール片……これらを東屋の周りにちりばめまくります。

なお、なぜ青なのかといえば、東屋の売り込みであり、また、オスの羽毛が渋い青色をしており、その色にちなんだ東屋をつくった俺も見てくれろ、という自分の売り込みでもあるようです。

そうして、メスが東屋を見つけてくれるのを待つのです。もちろん、ただ待ちっぱなしではありません。青い花がしおれてくれば、新鮮なものに交換するなど、メンテナンスも怠りません。こだわりが強く、そして、マメなのです。

す・る・と――アオアズマヤドリのメスが、「あら? あそこに青い東屋があるわね。ちょっと顔を出してみようかしら」なんて、ほいほい誘われてきます。それをただ迎え入れればいいだけだったら、自分のこだわりで東屋を手入れしていれば女子が来てくれるので、草食系男子でもチャンスいっぱいですが、恋愛って、そんなに甘くはありません。次なる試練というか、アタックが始まります。

そう、前述のとおり、東屋はオスがメスを口説くための場所、もっといえば、自分のポテンシャルを見せつけるための舞台なのです。そこで、オスはメスに対して、激しいダンスを披露したり、鳴き声でアピールしたり。そうやって、メスが「あなた、いいじゃない」と認めると、カップル成立、交尾にいたるのです。

なお、若いオスはそれで精一杯ですが、熟練のモテオスは、交尾後も、この東屋で他のメスとどんどん交尾します。けっこうドン・ファン。

さて。そんなアオアズマヤドリのオスの、女子待ちの様子を人間にたとえると――

# こんな感じ

青、好きだろ……？

## 鳴り響け！　愛のノック

# クマゲラ

嘴で木をつつく、だから「キツツキ」なわけですが、じつはそんな名前の鳥は存在しません。じゃあキツツキって何よ？　といえばキツツキ科の総称です。

海外には「ドングリキツツキ」のように、「キツツキ」とつくものもいますが、日本では「クマゲラ」「アカゲラ」など「〜ゲラ」つきが主流。じゃあゲラって何よ？　といえば、ケラはキツツキの別称とか。日本最大のキツツキ、クマゲラを現代語変換すれば「クマキツツキ」。「クマ」は熊のことで、黒くてデカいことを表しています。

そんな、クマゲラをはじめとする総称キツツキたちの多くには、他の鳥なかまには見られない特徴がいくつもあります。とにかく〝木をつつく〟ための特徴です。

まず、木をつつくときは、木の幹と向かいあう縦の姿勢をとります。あしの指は前後に2本ずつあり、ガッと開いて幹をガッチリ掴みます。さらに尾羽を幹に当てて、

分類：鳥類キツツキ科
全長：45〜55㎝
分布：ユーラシア北部、北海道など

あしと羽の3点で体を支える仕組みになっているのです。

また、木をつついて穴を掘り、そこを巣にしたり、寝ぐらにしたりします。

食べ物探しでも木をつつき、木のなかにいる虫などを食べます。このときに大活躍するのが舌。これがまた特殊。じつは舌が長く伸びるのですが、舌の付け根は上嘴の鼻の穴あたりにあり、そこから頭骨の後ろをぐるっと回って、口のなかに収まっているのです。なので、伸ばそうと思えば、頭骨半周分はグーンッと伸びます。舌の先はブラシ状になっており、しかもネバネバしているので、木の穴の奥の虫も引っ掛けてペロンといけちゃいます。

……というわけで、キツツキは木をつつくのに特化しまくっているのです。そんな能力は、求愛にもいかんなく発揮されます。

キツツキは、他の鳥類のように、繁殖期に自慢の美しいさえずりでメスを誘うことができません。そもそもさえずらないのです。クマゲラであれば、「キョーオ、キョーオ」みたいな鳴き声しか出ません。メスを誘うにはビミョー。

そこで言いたくなる「パンがなければケーキを食べればいいじゃない」構文に則っ

て――さえずらないなら、嘴を使えばいいじゃない！　というわけで、キツツキは木をつつく「タララララーッ」って音で、自分の縄張りを主張しつつ、メスにも「オイラという男がここにいることを知らせるぜぇ、ワイルドだろぉ」とアピール。つまり、さえずりで求愛する鳥がボーカリストなら、キツツキは激しいビートを刻みまくるドラマーなのです。そうして、縄張りにメスを呼び寄せ、交尾にいたるというわけです。

ちなみに、キツツキが木をつつく速度は、クマゲラなら1秒間に20～25回。ゼッタイ脳震盪（のうしんとう）起こすでしょ、ですが、意外にもそうはなりません。これ、めちゃ謎でした。「嘴と頭蓋骨の間に、脳への衝撃を吸収する保護材があんじゃね？」とか言われて、その発想はアメフトのケガ防止ヘルメットの開発につながったという話もあります。

ところが……クマゲラなどの木つつきの様子をハイスピードカメラで調べたところ、衝撃は吸収されるどころかまともに食らっている＝衝撃吸収材的なものは、ない！と潔い結果が出ました。単に、キツツキの脳が小さすぎて、激しく木をつついても、脳震盪を起こすほどのダメージがないだけだったのです。シンプルすぎてガッカリ！

まぁ、それでも食べ物を得るため、メスを口説くため、キツツキは一生懸命、つついているのです。せっかくのその思いを人間にたとえようじゃぁありませんか。きっと――

# こんな感じ

好きだ!!　いるなら出てきてくれ!!

## これ見よがしにカッコつけます

# ホオジロガモ

ホオジロガモは、名前のとおりカモのなかま。名前の由来は「ホオジロ」、つまり嘴の付け根あたりに「頬が白い」模様があるから。でもそれはオスだけで、メスにはありません。

また、オスの頭はおにぎりのような三角形をしており、頭から顔にかけての色は緑のつやがある黒なので、さながら海苔全巻きのおにぎりの様相。背から尾の付け根近くまでは黒くて、腹側は白と、色合いがくっきりしています。メスは頭と背が褐色で、体は灰褐色ですがお腹は白色。「あれはホオジロガモだ」とわかれば、オス・メスの見分けは一発です。

ホオジロガモは渡り鳥ですから、もちろん飛ぶことに長(た)けています。けっこう身軽なので、水の上でぷかぷかしていても、水面にあしを交互に出しながら、ちょっと助走をつけるだけで、サッと飛び立つことができます。

分類：鳥類カモ科
全長：42～50㎝
分布：北半球

では、そんな飛翔能力を生かしつつ、どこからどこへ渡るのかというと――ふだんは、ユーラシア大陸の北部や北アメリカ大陸の北部の、森林内の水辺に広く暮らしています。

そして秋には両大陸の南方面へと移動します。日本には、冬になると渡ってきます。日本全国の河川や内湾、湖などで見られますが、特に北海道をはじめ、東日本が多いようです。

そんなホオジロガモの「恋の季節」は、2～3月にピークを迎えます。つまり、日本に渡ってきているホオジロガモならば、「僕と付きあってください」的な告白タイムは日本で行われるのです。

その姿が、自己陶酔というかナルシストというか、なんというか……まぁ、本人はそんな気もないのでしょうが、人間目線で見ちゃうと「君、カッコつけすぎじゃないの～?」です。

フリーのメスがスイ～ッと泳いでいると、それに目をつけた数羽のオスがむらむらと群がって寄ってきます。そして、自分に注目させようとしてか、「ギッギー」「クィー」

と濁った鳴き声をあげます。メスが目線をくれていようがくれていまいが、とにかくメスのそばで、頭の羽毛をフワッとふくらませたり、首をピーンッと高く伸ばしたり（カモのなかまは首が長めなので、特徴を生かした主張をしたいのでしょう）します。そこまでは前振り的な序の口アピールです。

さらにとっておきの彼ら流のカッコつけがあります。もう、自慢なのか得意気なのか十八番なのか、「俺たちホオジロガモ、ここにあり！」と言わんばかりに、いきなり首を大きく後ろに反らせます！　頭が上を向く、そんな生やさしいものではありません。その角度、後頭部が背中につくほどです！　首を「グキッ」とかやっちゃわないか、心配になります。そんなことを何度も繰り返すのです。

完全に「見て見て」アピールであり、この動きが大きいほど、いや、大袈裟なほど、メスの目を引き、モテるのかもしれません。

こうしてナルシスト男子に惹かれた……かどうかは知りませんが、とにかくメスとペアになると、一夫一婦になり、繁殖地で産卵。その時点でペア関係を解消して、メスのみがヒナの世話をして、次の世代につながっていくのです。

そんなホオジロガモのオスの、メスの気を引きたい求愛アピール、人間なら――

# こんな感じ

偶然だね。これも何かの縁だよ。

# 僕とデュエットしませんか？
# アフリカオオコノハズク

分類：鳥類フクロウ科
全長：20～25㎝
分布：アフリカ中央部、南部の森林など

一時期、テレビで、体を超～細くしたり、逆に翼をババッと広げて大きく見せたりするユーモラスな姿から、あるフクロウが人気者になったことがあります。ファンの間では「アフコノ」なんて呼ばれることもある、アフリカオオコノハズクです。

覚えている人、見たことがある人も多いのでは？（なければすみません、「アフリカオオコノハズク　細くなる」などのキーワードで検索してみて。けっこう衝撃的で可愛い姿なので見る価値ありです）

体を細くするアクションは、なにも人を喜ばすエンタメでやるのでは決してなく、緊急事態での擬態のひとつ。自分で天敵なんかを見つけちゃうと「ヤベッ！　私は木の枝です、こっち気づかないで（必死）」と緊張で細くなって、やり過ごすのです。

また、体を大きく見せるのは攻撃的な気分のとき。羽が立つので3倍以上もふくらみ、しかも目をカッと見開くことで、敵を威嚇します（内心、ビクビクでしょうけど）。

結局、アフリカオオコノハズクの人気アクション、どちらも恐怖の気持ち先行です。鳥類では強者グループの猛禽類ではありますが、アフリカオオコノハズクは元来、臆病で神経質なので、恐怖を感じてサッと擬態をする行為は、かなりストレスでしょう。

なお、体を細くする擬態は、アフリカオオコノハズクに限らず、いろんなフクロウも行うので、じつはこの種だけの特別なものではありません。争うようなことはせず、基本、事なかれ主義でなるべくやり過ごす、賢いやり方なのかもしれません。


そんなアフリカオオコノハズク、求愛行動に関しては、まったく事なかれ主義ではありません。むしろ積極的。オスだけでなく、メスも——デュエットするのです。なんというか、とてもロマンチックなんです。

「鳥なんて、しょっちゅうさえずってない?」って気もしますね。ただ、求愛のときに鳴き声を用いるものは多いのですが、オスからメスを誘う形がほとんどですから、鳴くのはだいたい、オス。しかも、例えばウグイスのように、オスが「ホーホケキョ」と積極的に求愛鳴きをしても、メスは別に鳴き声で返事してくれません。

ところが、です。アフリカオオコノハズクは繁殖期に入った夜間、オスがあちこちで「ポッポー」と求愛鳴きを始めます。すると、その声に誘われたメスが、鳴き返すのです。おそらく、「こっちにいるよ」と教えているのでしょう。夜の森のなか、姿は見えなくてもどのあたりにいるのか、わかります（フクロウは夜目がめちゃ利きますが、耳もいい。耳は左右段違いについており、音の出所を正確にサーチできます）。

こうして、オスが飛んでいくのか、メスが飛んでくるのでしょうか？　惚れたが負けよと、気に入った相手のもとにやってきます。そして、オスが低く優しい声で歌い出します、「ポッポー」（♠パート）と。それを受けてメスが高い声で「ポッポー」（♥パート）と応じ、恋のデュエットが始まるのです。オスは歌いながらメスに近づき、頭を上下に揺らす告白をするのです。

ちなみにオスは求愛時に、自分でとってきた魚などをメスにプレゼントする「求愛給餌」という行動をすることもあるようです。歌に贈り物に……ときめきますね。

というわけでアフリカオオコノハズクの恋のデュエット、「ともに歌えば　心が通う　心が通えば　愛が深まる　ふたりの思い、この曲にのせて……歌っていただきましょう、『梟恋歌（きょうれんか）』！」なんてイントロナレーションを前置きしつつ、人間にたとえると――

# こんな感じ

呼びあってしまう……それが運命。

刻めビート！　愛の高速ステップ

# ルリガシラセイキチョウ

　ルリガシラセイキチョウは、漢字で「瑠璃頭青輝鳥」。なんだか「愛羅武勇（あいらぶゆう）」みたいな暴走族漢字を彷彿とさせますが（しないですか?）、いかつい漢字とは逆に、とってもキレイな鳥。背側は褐色ですが、顔や胸、そしてオスだけ頭部も、ターコイズのような鮮やかな青をしていることが、名前の由来です。

　この色は、人間の目から見ればめちゃ派手。ですが、樹上にいたりするのを地上から見上げると、木の褐色と空の青さに紛れるようにも見え、保護色的に役立っているのかもしれません。

　スズメより小さく、天敵に捕食されやすい、わりとか弱い側の立ち位置。そんなこともあるからか、一度夫婦になったら、生涯ともにすごす一夫一婦関係になります。そして、夫婦で子どもを守り、子育てもしっかりと協力して行います。

分類：鳥類カエデチョウ科
全長：13㎝
分布：アフリカ

だからこそ、慎重な性格。結婚相手選びもかなり厳しい選球眼で、相手を見極めようとします。しかも、オスが求愛するスタイルが多い鳥類ではわりと珍しめの、オスだけでなくメスからも求愛する鳥です。そして恋に落ちにくくガードが固い。石橋を叩いて結婚相手を決めるためには、一方の相性診断だけではよろしくないのでしょう。

そんなルリガシラセイキチョウの求愛では、もちろん、さえずりも使いますが、タップダンスもプロポーズの鍵となります。

繁殖のシーズン、ルリガシラセイキチョウは気になる相手を見つけると、オスでもメスでも、プロポーズする側が、相手に見せるようにその場でジャンプ！　宙に浮いている間に、あしを動かし、タタタンタンとステップを踏みます。

これがまた、まさに目にも止まらぬ速さ。なんと、1回のジャンプの間に平均3～4回、多いときには6回もステップを踏むのです（実際、われわれが肉眼で見ても確認できないほどで、ハイスピードカメラで記録して判明。それまでは、ジャンプしているとしか知られていなかったのです）。

しかも、ときには、巣材となる木の枝なんかを嘴にくわえてステップを踏む求愛アピールをするものだから、タップダンスではなく、バラをくわえてフラメンコのステップを踏む情熱ダンスのように見えないこともありません。

すごく体力を使いそうですが、このステップを2分以上続けることも。

また、ステップを踏むとき、わざと「バチン」という音を鳴り響かせます。これは、相手の気を引く意味と同時に、「こんなにステップを踏めるし音も出せるから、めちゃ健康なんだよね。結婚相手にもってこいじゃない？」と健康診断結果表を相手に提示しているような状況かもしれません。慎重なルリガシラセイキチョウには、とても必要な事前情報です。

ちなみに、こうしたダンスは、オスとメスが1対1でいるときよりも、さらに他のなかまが近くにいるときのほうが、たくさん行うのだとか。つまり、他人の目を気にする……というより、「僕が（私が）、今、求愛中です！」と、邪魔をするなと、なかまに対して牽制する意味もあるのでしょう。

近縁の文鳥やジュウシマツでは、鳴いて、せいぜいジャンプする程度で、タップダンスも音を打ち鳴らす様子も見られません。まさに、歌って踊れるルリガシラセイキチョウの求愛。人間だったらどんな感じ？

# こんな感じ

ボクの足さばきはどう？

## モテたいなら技は見て盗め！

# オナガセアオマイコドリ

中南米にマイコドリという鳥がいます。「舞子鳥」の名のとおり、オスがメスに求愛するとき、ダンスを披露することで知られています。

それもかなり個性的なものもおり、例えばムナジロマイコドリは繰り返しジャンプ&翼で音を鳴らすダンスで求愛。キモモマイコドリは、後ろ向きで小刻みにステップを踏みながら、ムーンウォークさながらの後退りダンスで有名です。

まさに、踊りを愛し、踊りに愛された、踊る鳥！

そして本稿で取り上げるオナガセアオマイコドリも、そんな個性派ダンス鳥です。

オナガセアオマイコドリのオスは、全体は黒ですが、2本の長い尾羽をもち、背が青く、頭頂部が赤い、美しい色をしています。一方、メスは全体が薄い緑色で、地味。

分類：鳥類マイコドリ科
体長：10cm
分布：中央アメリカ

こういう、「オス派手、メス地味」の組み合わせになる鳥の場合、だいたい、繁殖期にオスはとにかくメスに求愛アピールをどんどんやります。で、メスに子育てをまかせっきりの子育てしない系です。子育てより繁殖優先系です。

オナガセアオマイコドリのオスももちろんそうで、とにかくいかにメスに求愛し交尾するか？　を追求し、日夜、努力をしまくっています（↑人間の目から見れば、ですが）。でも、どうして「努力しまくっている」ように見えるのか？　それは、オスは求愛のために欠かせないダンスや歌を、師匠に弟子入りして教わるからです。

若いオスは、まずは「ワイもいつか師匠に弟子入りするんや」と、師匠オスやその弟子のダンスや歌をひっそりと見て学びます。数年後、ようやく師匠オスのそばについて回れるようになると、その踊りや歌い方を学ぶのです。とはいえ、師匠から直接指導はありません。「技は見て盗め」というやつです。また、ときには弟子1羽で自主練することだってあります。ただ、弟子入り前と違うのは、師匠と求愛ダンスを実践できるところ。実践経験、大事。

で。いよいよ師匠がメスに求愛開始。メスを見つけると、師匠が木の枝で大ジャンプ！　すると弟子も大ジャンプ。交互に跳ねるダンスを繰り返し、気を引きます。メスが関心をもてば近づいてきます。そこで「よっしゃ、ダンスフォーメーションKやで！」と、真上に飛んで少し後ろに降りる、すると弟子も同じ動きを繰り返す。師弟の位置が前後入れ替わり続け、まさに観覧車が回っているかのようなペア・ダンスなどなど、2羽以上だからこそ可能なダンスでアピールしまくります。

そしてメスが師弟のダンスを気に入って「好き♥」となると、求愛大成功。でも、交尾できるのは師匠だけ。弟子が隙をついてメスにアピールしようとすると、師匠が制裁キック。「あかんで、お前、まだ早いで」というやつです。

じゃあいつなら早くないのでしょう？　若いオス自らが、交尾できる師匠の立場になるには、弟子入りからさらに2～3年の月日が必要なのだとか。恋と芸の道は一朝一夕とはいかない厳しいものなのです。

ちなみに、師匠と弟子というと「師弟愛」とか特別な関係がありそうですが——求愛にはペアのダンスが不可欠で、師匠は弟子がいないと成り立たないから一緒に踊ります。弟子は踊りがうまいベテランから学べればいいので、今日はA師匠、明日はB師匠みたいに、いつも決まった師匠ではないらしいです。淡々とした師弟関係ですね。

さて。そんな師弟の求愛ダンス、人間だったらどんな感じかというと——

# こんな感じ

アニキ、ファイトっす……！

# 追いかけてでも踊りを見せたい
# ダチョウ

現在、生きている鳥のなかで、最大の種がダチョウです。世間のイメージとしては〝飛べないし、アホな鳥〟ではないでしょうか。

その大きな背中に人間が乗っても、走っているうちに乗せていたことを忘れちゃう、とか。

ダチョウの群れ同士で喧嘩があったとき、お互いの群れのダチョウがごちゃ混ぜになり、収束したときには、群れのなかまが入れ替わっていても、人数（鳥数）が違っていても気づかない、とか。「3歩歩くと忘れる」といえばニワトリのたとえですが、むしろど忘れエピソード豊富なうっかりさんのダチョウにこそふさわしいたとえかもしれません（じつはニワトリは記憶力がよく、学習能力も高い）。

……と、ボケボケエピソードで〝サゲ〟っぱなしはかわいそうなので、一転、ダチョウを〝アゲ〟るターン。いやもうダチョウってすごいんですよ。

分類：鳥類ダチョウ科
全長：210～275㎝（オス）
175～190㎝（メス）
分布：アフリカ、
サハラ砂漠以南

ダチョウは飛べない代わりに、走ることに特化してきました。その鍛え上げ方はハンパありません。なんと最高速度は時速70㎞にも達し、２本あしで走る動物で最速。長い首は17個の骨からなり、上下左右前後に自由自在。その先にある小さな頭部には、脳より大きな目。視力は、驚異の20とも。プチ千里眼の持ち主。

この脚力と視力のおかげで、ひらけたサバンナでも、ライオンやヒョウなどの天敵の接近に気づき、素早く逃げることができるのです。

また、ダチョウはかなり戦略家（結果的に、なのですが）な一面も——

ダチョウは一夫多妻で、妻たちは夫が地面に掘った穴を巣として利用します。メスのうち第一夫人が巣に卵を10個ほど産みます。第二夫人、第三夫人……と夫人ランキングが下のメスたちもどんどん産卵しますが、下位の夫人たちは産みっぱなしで去っていきます。そこで、日中は第一夫人が、夜は夫が交代で卵を温めるのです。このとき、抱えきれない卵はどんどん巣の周りに放り出されます。これが戦略です。

というのも、放り出されるのはたいていが第一夫人以外の夫人が産んだもの。その結果、卵を狙ってやってきたハイエナやらハゲワシやらは、巣でダチョウ夫婦と戦って卵を奪うより、周りに転がっている卵を選んだほうがリスクがありません。つまり、第一夫人以外の卵は、天敵から守る防波堤というわけ。

第二夫人以下はかわいそうな気もしますが、ダチョウの一夫多妻はゆるくて、メスも他のオスとも交尾します。メスの産む卵の父親は、夫と同じとは限らないのです。


そんなダチョウが夫婦関係を築くための求愛行動は、あしが自慢のダチョウらしく、追いかけっこから始まります。

オスは発情期を迎えると、首や嘴、すねなどがピンクに色づき、メスに近づいていきます。すると、メスによる審査スタート！　メスがダッシュで逃げ出します。これをオスが追いかけることで、体力があるかどうかを確認するのです。

「彼、スタミナばっちりね」とメスが認めれば、次はダンス審査。

オスはメスの前でひざまずき、羽を大きく広げ、長い首を左右に、しなやかにくねらせながら踊るのです。これでメスはオスの健康状態をチェック。メスはダンスの出来に満足すれば、オスに向けて羽をひらひらさせて合格の合図を送るのです。

いいオス審査をともなうダチョウの求愛、その追いかけっこが人間ならば――

# こんな感じ

全然……まだまだ……平気だよ!

# 胸ふくらませてパコン！　ポコン！

## キジオライチョウ

「期待に胸ふくらませる」なんていいます。ワクワクした気持ちを表す慣用句で、言うまでもなく本当にふくらむわけではありません。

ですが、動物の世界には、文字どおり「ふくらませる」系のものが多くいます。例えばフグなんかは威嚇で体をプク～ッとさせます。「ふくらませ」は求愛でもよく使われて、ズキンアザラシのオスは鼻の袋をふくらませて音を立てたり、フクロテナガザルのオスは喉にある袋をふくらませて大声を出したりして、メスにアピール。

キジオライチョウもまた、そんな「ふくらませる」系の鳥で、しかも、求愛に「胸ふくらませる」タイプです。では、どんな鳥か見てみましょう。

**分類**：鳥類キジ科
**全長**：66～76㎝（オス）
48～58㎝（メス）
**分布**：北アメリカ中西部

キジオライチョウは、漢字で「雉尾雷鳥」と書きます。「キジ」なのかい、「ライチョウ」なのかい、どっちなんだい？　って感じの漢字ですが、「キジのような尾羽をもつライチョウ」というわけでライチョウです。とはいえ、ライチョウはキジ科ですからキジのなかまです。つまり、どっちでもあるのです。英語名は「Sage Grouse」で、セージの葉をよく食べるのがその名の由来。

北アメリカ最大のライチョウで、高山暮らし。キジのなかまらしく、オスはメスより大きな体をしています。また、オスは派手、メスは地味な傾向がありますが、キジオライチョウ自体は色鮮やかな派手さはないものの、頭部には後ろになびくような、毛髪状の冠羽があります。そして、ツンツンと尖った細長い尾羽が特徴的。胸のあたりはマフラーに見える白くふんわりした毛に覆われ、そこに空気でふくらむふたつの肉の喉袋をもっています。この尾羽と袋を使って求愛するのです。

キジオライチョウのオスは、繁殖期になると、「レック」と呼ばれる集団求愛の場をつくります。「みんな集まれ、春の婚活祭り、やろうぜ！」という具合で、参加者が多い場合は数百羽にもなるといいます。そうして、婚活スペースを決めると、オス同士で激しく競いあうように、メスに求愛アピールを始めます。まずは求愛時の標準形態、ツンツン尾羽を背の上にビシッと立てて広げます。「俺のほうが目立つぞ」「いいや、俺だ」と競りあうのです。これでメスの気を引きます。

さらにメインの求愛行動――胸あたりの喉袋に空気を送り込み、プク～ッと大きくふくらませては、しぼませて、パコン！　ポコン！　ポヨン！　と鈍いような軽いような音を立て、猛烈アピールをするのです。この音は、一説には１・５～５km先からでも聞こえるほどとか。遠くにいるメスも、興味を引かれちゃいます。

レックでは中央に陣取り、パコン！　ポコン！　とやっているオスほど、年長で強く経験豊富、それだけメスにとっても魅力的。つまりモテます。逆にレックの端にいるような若いオス、弱いオスはモテません。そんなわけで、パコン！　ポコン！　の音を聞きながらオスを選ぶメスたちは、どんどんレックの中央に集まっていきます。最終的に、メスの約８割は、レック中央のいちばんモテるオスと交尾します。交尾を期待して胸ふくらませても、ほとんどのオスは、パコン！　ポコン！　と音を立ててにぎやかすだけで終了。多くのオスにとってはトホホ、祭りは寂しく閉幕するのです。

そんな虚しいオスを人間にたとえても悲しいので、ここはモテるオスをピックアップ！　どんな感じなんだい？　というと――

# こんな感じ

おっといけない、イイ体なのを忘れていたよ……。

# あなたが好きだカラー

## エボシカメレオン

世界には、いろんなトカゲのなかまがいますが、カメレオンはけっこう個性的な特徴いっぱいのトカゲ。

カメレオンなる名は、ギリシャ語由来で「地上のライオン」なんて意味。「百獣の王」感がないのになんで？　って感じですが、後頭部にある「カスク」と呼ばれる突起が、たてがみに見えることからのネーミングなのだとか。

円錐状に飛び出した目は、左右自在に動かせて、水平方向に約180度、垂直方向に約90度という驚異的な視野を誇ります。しかも暗闇では見えないものの、視力はよく発達しており、けっこう目に頼ります。その代わり、聴覚、嗅覚はダメです。

尾はくるくるっと巻きつけられる種が多く、5本目のあしとして、枝などを器用に摑むことができます。また、「トカゲの尻尾切り」みたいな尾の自切（じせつ）はできません。

そして、「カメレオンといえばクイズ」を出したら、答えはふたつに分かれるでしょ

分類：爬虫類カメレオン科
全長：45〜62㎝
分布：アラビア半島

う。答えその①、長い舌。昆虫などの獲物がいれば、ネバネバした舌をシュバッと発射し、瞬時に捕まえますが、この舌、なんと体長の1・5~2倍もあるのです。その長い舌をアコーディオンのように折りたたみ、舌の付け根にある骨で押し出します。

答えその②、体の色変わり。カメレオンは皮膚に含まれるナノ結晶を調整することで光の反射を変化させ体の色を変えています。よく擬態と思われがちですが、紛れるのは結果的なもの。周囲の温度や気持ちの変化が、色変わりのメインの原因。人間が喜んだり怒ったりすれば顔の表情が変わるようなものです。カメレオンの色は、表情。

さて。これらの特徴は本稿で扱うエボシカメレオンの特徴でもあります。特にカスクは、エボシカメレオンでは象徴的。メスは小さいのですが、オスは個体によっては、なんと5cmにもなるものも。まるで「烏帽子」を思わせることから、その名前がついたほど。しかも、オスはカスクが大きいほど、メスにモテると考えられています。

そんなエボシカメレオンのオスは、繁殖シーズンになると、ドキドキの緊張もあるでしょう、興奮もあるでしょう、体は、青、緑、黄がちりばめられた、めちゃ鮮やかな色に変化。カメレオンは視力がいいので、メスへの強烈なアプローチになります。

結果的に、「見てくれ！　俺の色を！」ということになります。

さらに、緊張から体を薄くしたり、ユラユラ揺らしたりしはじめます。獲物を狙うときも緊張でユラユラするので、オスはアタックモードに入っているのでしょう。

これらは、ライバルとなる他のオスへの威嚇にもなります。自分のほうが色鮮やかで体を大きく見せられれば、牽制できます。戦っている場合じゃないんです。そのあとの交尾にエネルギーを使いたいわけで。で、けっこう強気でメスにアピールします。

対してメス。体の色はこのときは別に変わらないようです。そして、色鮮やかで複雑な模様をもったオス＝健康でいい遺伝子をもっていると見定める基準にして、求愛してくるオスを受け入れたり拒否したりするのです。

なお、これで交尾に成功したら、今度はメスの色が濃い緑になり、さらに黄や青の模様を示すようになります。婚姻色とか妊娠色と呼ばれる色で、要は、他のオスに「あたし、人妻なんで余計なちょっかい出してくんなオラッ」って無言で主張しているわけ。しかも交尾した相手にも、メスは口を大きく開けて威嚇。オスとメスの強気度が逆転するのです。母になるメスは強し、なのでしょう。

さて。いつもどおりの締めくくり、エボシカメレオンの求愛、人間だと――

# こんな感じ

できれば君色に染まりたいな……なんて。

# 行きすぎた愛の締めコロシアム

## ヒキガエル

本州中西部から九州に分布するニホンヒキガエルやその亜種アズマヒキガエル。別名「ガマガエル」「イボガエル」なんていって、日本最大のカエルです。

都会では見かけないかもしれませんが、人家の庭などにもすみつくことから、昔から、わりと身近な存在です。田舎なんかでは車に轢(ひ)かれてペシャンコになった悲しい姿に出会うことも。だから、「轢きガエル」の名がつきました。←嘘です。

ヒキガエルのなかまの特徴としては、皮膚のイボイボの部分や、目の後ろのふくらんだ「耳腺(じせん)」という部分に、「ブフォトキシン」という毒をもっていること。ですから、ヒキガエルを見かけて「昔とった杵柄(きねづか)で捕まえちゃえ」なんてうっかり〝少年返り〟を発症して、ギュッと摑むのは危険です。毒液が飛び出して、口に入ったら苦いわ、目に入れば激痛だわです。うっかり系のみなさん、気をつけましょう。

**分類**：両生類ヒキガエル科
**全長**：6〜18㎝
**分布**：日本（北海道は外来種）

うっかりといえば、余談ですが、ヒキガエルをはじめ、カエル全般が、食べられないものとかを食べちゃった場合、大慌てで吐き出すのですが、そのやり方が想像の斜め上。なんと口からニュッと胃袋ごと出して、胃袋を前あしで洗浄するのです。

そんな、カエルにとって取り返しのつくうっかりなら問題ないのですが、取り返しのつかないうっかりが、ヒキガエルの求愛時に起こりがちです。それが、「蛙合戦」！


時は弥生3月、啓蟄(けいちつ)あたりの夜のこと。ヒキガエルは棲処から、池や湧水、淀んだ流れのある水辺に、〝出陣〟を始めます。これからの合戦の始まりを周りにも伝えるように、オスは鬨(とき)の声さながら鳴き声をあげまくり。場所によってはその数100を超えて集まるともいうので、まさに求愛の戦にかける情熱の大合唱です。

他の種類のカエルも同じ池に集まりますが、体の大きなヒキガエルは目立ちます。まさに戦場の華、現場の主役。

池に集まったオスは、いい感じの産卵場所に陣取ると、メスを誘う「メイティングコール（繁殖音）」を発します。すると、その声に誘われて、まずメスが……ではなく、他のオスがやってきます。「いいとこ陣取ったじゃんよ」「そこいいねぇ。俺も」というわけです。そんなわけで、さらにメスを誘う大合唱が大きくなり、これを聞いたメスはどんどん発情していきます。いよいよ求愛モードは最高潮を迎えます！

で。どんどんメスがやってくると、オスは背後から、前あしをメスの前あしの脇の下に回し、ギュッと抱きしめて交尾（交接）。その熱く激しい力強さで、メスのなかには、うっかり抱き殺されてしまうものもいます。現場はまさに命をかけた、愛の合戦が繰り広げられるコロシアムならぬ締めコロシ（殺し）アム！

カエルの数が多い現場では、オスもメスもとにかくごちゃ混ぜのカオスです！　合戦中のオスは、抱きつければもうなんでもいい状態になっちゃって、オスが間違えて他のオスを抱きしめることもごく当たり前に起こります。そんなとき、間違えられたオスは「クワックワ」と短く鳴きます。これは「やめてくれ」という放免要請コールで、間違えたオスも「いけね……」と、すぐに力をゆるめます。

ただ、現場にいる似たサイズのウシガエルが誤って抱きつかれると、これ悲惨。放免要請コールをしますが、ウシガエル語がヒキガエルには通じません（ウシガエルは外来種＝外国語だから、ではないんでしょうけど）。哀れウシガエル、そのまま抱き殺されます。最後に、蛙合戦におけるそんな悲劇の1コマを人間にたとえると——

# こんな感じ

もう放さないぞ……♥

♥ 恋の抜け駆け変身の術！

# トガリコウイカ

分類：頭足類コウイカ科
全長：20〜30㎝
分布：オーストラリア

イカは「頭足類（とうそくるい）」といい、読んで字のごとく、頭からあし（正しくは「腕」）が生えているなかまです。付け加えると、イカの三角形のひれから目に向かう部分が「頭」と思えますが、そこは「胴」で内臓が詰まっています。

そんな頭からあしが生えているイカですが、近年の研究で、なにげに高度な知能を備えていることがわかってきました。

本稿で取り上げるトガリコウイカは、石灰質でできた楕円形の甲（貝殻）をもつコウイカのなかま。なので、コウイカを例に、その知能の高さを示す研究結果を挙げると――

コウイカのなかまには寝ているときに、夢を見るものがいることが判明しています。コウイカのなかまには目先の欲を我慢することができる自制心があることも、実験で確かめられています。これは、チンパンジーレベルなのだとか（イカ、賢イカら）。

コウイカは記憶力もよく、過去の出来事を思い出す能力は、歳をとっても衰えない、なんて研究結果もあります（イカ、賢イカら）。

コウイカのなかまには、カニの目の前に行くと体の色が変化して、それによってカニがなぜかボ〜ッとした状態になった隙に捕食してしまうものもいます。そう、催眠術まで使ってしまうわけ（イカ、賢イカら）。

また、コウイカのなかまは、このように体の色が次々と変わる——すなわち、周りの景色や状況によって色や模様が変わるのです。ふだんはこの能力を使って、敵への威嚇や、なかまとの交流、周囲の景色に溶け込んで敵の目を欺いたり獲物を襲ったりする擬態、さらにオスからメスへの求愛を行います。そしてこの能力をびっくりするほど賢く使っているのが、トガリコウイカなのです。

コウイカのオスは繁殖期に入ると、体を求愛アピールするための色に変わり、メスに近づいていきます。それはトガリコウイカも同じですが、これがまたやり方が巧み。まず、求愛カラーとして、体を黒と白の鮮やかな縞模様にチェンジ。遠くからでも目立つようになり、メスにも気づかれやすくなります。

とはいえ、目立つということはですよ、同じく繁殖期を迎えている他のオスにも見つかりやすくなるわけです。特にイカというのは、視力がいいんです。海中生活ではオーバースペック、なんて言う人もいるくらい、よく見えます。

つまり、他のオスから「あいつが縞模様になっているってことは、あの先にカワイ子ちゃんがいるってわけね」と勘づかれてしまうのです（イカ、賢イカら）。そうすると、恋のライバルが増えちゃうことになりますね。

でも、そこはもちろん抜かりなし（イカ、賢イカら）。メスにアピールしていたオスは、他のオスの存在に気づくと、なんと！　体の半分の色が変わっちゃうのです。

これ、どういうことかというと、求愛したいメスがいる側の半分は、求愛の縞模様のまま、アピールし続けます。で、他のオスがいる側のもう半分は、メスそっくりの色と模様に変わるのです。つまり、半分はオス、半分はメス。すると、他のオスは、「あれ？　メスがいる」ってことになり、自分に意識が向くように仕向け、自分がアピールしているメスから他のオスの目をそらすことができるのです。これでライバルに抜け駆けできます。しかも周りにオスがいない場合は、わざわざ色変えはしません。

そんなしたたかなトガリコウイカの求愛、人間だったなら——

# こんな感じ

俺、ウラオモテなんてないよ！

## 光り方に注目してます
# ヘイケボタル

昔から〝夏の風物詩〟なんて呼ばれるホタル。ドンピシャのシーズンに、夜間、淡い光を放ちながら飛ぶ様子を観賞したことがある人もいるでしょう。

日本の代表的なホタル、ヘイケボタルは幼虫から成虫まで水辺で暮らすので、ホタル＝水辺生活のイメージがあるかもしれませんが、意外なことにそのタイプは世界でも圧倒的少数（幼虫が水中生活なのは、世界のホタル約２０００種中、わずか10種）。マイノリティーなのです。

一方、ホタルには光るものと光らないものがいますが、世界のホタルを見ても、光る派が大多数を占めるようです。水辺派ではマイノリティーだったヘイケボタルも、光る派としてはマジョリティーです。そもそも、ホタルはなぜ光るのでしょうか？

まずは、ちょっとマジメに、その仕組みについて。光るのは、化学反応。ホタルは

**分類**：昆虫類ホタル科
**体長**：6～8.5㎜（オス）
8～11㎜（メス）
**分布**：北海道～九州

腹部の先端に発光器があり、ここが光ります。体のなかに「ルシフェリン」という発光物質があり、発光器のなかに「ルシフェラーゼ」という酵素があります。このふたつと、体内の酸素が結びつくことで、発光器がボウッと光るのです。ルシフェラーゼは化学反応を効率よく進める物質で、ホタルの光は電球のように熱くはなりません。

そして、なぜ光るかについて。ひとつには、身を守るため。夜、光っちゃってたら、天敵である鳥やコウモリなんかに見つかって危なくね？　と思えますが、じつはわざと。ホタルは刺激を受けると激マズで臭い液体を出します。食べたら罰ゲームみたいなもの。だから、光って毒をもっているとアピールすることで、「食えるもんなら食ってみろ」と警告しているといわれます。

もうひとつはオスとメスの交信、本書のテーマである求愛です。


ホタルは光の出し方によって、暗闇のなかでも、「お前平家、わしゃ源氏」みたいに、自分と同じ種であるかどうかを見分けます。例えば、ヘイケボタルは1分間に光る回数が120回と、けっこうチカチカさせています。一方、ゲンジボタルはチカチカ光る間隔が長く、1分間に30回ほどで、ゆっくり。そして、同じ種同士であっても、光り方で、オスとメスを見分けるのです。だから求愛信号になります。

ヘイケボタルの場合、オスと、メスのうちで交尾を終えた個体は、光をチカチカと瞬かせます。一方、交尾をしていないメスは、短い時間ボウッと光り、瞬きません。

つまり、オスとしてみれば、求愛の相手を探すなら「1回の発光時間が短く、瞬かないもの」を選べば、「あら、あたしさっき交尾終えちゃった」ってメスに当たらずに済みます。なお、交尾を終えたメスが、オスのように瞬かせるのは、まだ交尾相手を見つけられていないオスに対し「もう交尾終わってんの、産卵の邪魔すんなよ」とアピールしているんじゃないかという説もあります。

ちなみに、ホタル同士の光の交信を悪用（？）する、ズルいホタルが北アメリカにいます。それがフォツルス・ベルシコロルという種のなかま。他の種のメスの、発光パターンを真似するのです。すると、その種のオスがメスのお誘いだと思って嬉々として舞い降り……哀れ、フォツルス・ベルシコロルの餌食になっちゃいます。まさに「ヒツジの皮を被ったオオカミ」作戦。こういうのを「ペッカム型擬態」といいます。

そこで、本稿の締めでは、ホタルの求愛行為ではなく、求愛を悪用したフォツルス・ベルシコロルの擬態を人間にたとえてみることにしましょう。それは――

# こんな感じ

あたし、フリーなんだけどな～♪

# 撫でるように顔を叩き……
# アカミミガメ

爬虫類のなかでも、求愛について、イメージしにくいといえば、カメではないでしょうか？

いや、ワニなんかも、どんな求愛をするか、想像しにくいでしょう。でも、たぶん鳴き声を交わしたり、水中ダンスしたりすんじゃねーかな、と（実際やります）。トカゲも、オスがメスに近づいてなんかするんだろうな、と（カナヘビはそう）。よくわからないけど想像はできるでしょう。

でも、カメ。その求愛をイメージできないのは、あれ。甲羅。人間でいう肋骨が変化したものですが、あんなのがあって、どんな求愛すんのかって？　あと、動きが鈍そう。そんなんで、想像しにくいというのがあるのでは？（日常において、なかなかカメの求愛のことは想像もしないでしょうけど）

そこで、本稿の見出しでは「アカミミガメ」なんて書いていますが、いくつかのカ

**分類**：爬虫類ヌマガメ科
**甲長**：10〜28㎝
**分布**：アメリカ、日本（外来種）

メの求愛行動を紹介していってもよろしいでしょうか？　あなたから「かめへんよ」って返事がほしいです。

で。トップバッターは、そのアカミミガメ。子ガメのときは「ミドリガメ」なんていって、昔はペットショップなどでも買うことができたポピュラーなカメです。

このアカミミガメのオスが、繁殖シーズンにメスにどんなアピールをするかというと――メスの前に回り込むと、メスの顔に前あしをヌッと伸ばします。そして、とにかくピロピロと爪を震わせるのです。また、場合によっては、メスの顔をビシバシ叩き続けることになります。

なんだかＤＶ的な雰囲気を感じないこともありませんが、ケガはさせないですし、メスのリアクションは「なんか鬱陶しくね？」くらいのものにも見えます。結局、爬虫類は、原始的すぎて本音をプロファイリングしにくいのです。

構造的なことでいえば、前あしの爪が長いのはオスだけなので、そんな違いから想像すると、爪が求愛の鍵になっているとも考えられています。

カメというと、われわれは「浦島太郎」のイメージが先行するのか、なんとなく海とか水辺とかの生物と思いがちですが、陸生のものもいます。例えば、ギリシャリクガメ。「リクガメ」っていうくらいなので、地上で暮らすカメです。

このギリシャリクガメは、求愛のとき、オスがメスに猛烈アタック。気に入ったメスがいれば、ガツン！　とヘッドバット！　それだけでなく、メスのあしを踏んだり、甲羅をぶつけるような突進をしたり。しかもメスが嫌がって逃げたら、ダッシュで追い回し、噛みつくものも。そうやって、マウントをとって、求愛するのです。人間ならば、SNSで炎上案件ですが、リクガメにしてみれば、それがふつうというか。結局、爬虫類は、原始的すぎて本音をプロファイリングしにくいのです。

ラストにウミガメなんかはどうでしょう？　浜辺で産卵する姿が有名なアカウミガメ。彼らは、海でオスがお気に入りのメスの周りを泳ぎ、メスがOKを出せばペア成立。そうして、オスはメスの甲羅に乗っかり、ひれで押さえ込むと交尾にいたるのです。ちなみにこのとき、他のオスが交尾の邪魔をするべく、さらに甲羅の上に乗っかることもあるとか（最大5体が重なることも）。うぜ――！

ってことで、紹介したうち、アカミミガメの求愛を人間にたとえてみると――

# こんな感じ

大丈夫。キミを傷つけたりしないよ……。

# 掴んだら俺のものだからな
# ズワイガニ

日本の代表的なカニといえば、漁獲量がカニナンバー1のズワイガニではないでしょうか？

え、タラバガニ派ですって？　たしかにカニの両雄という感じですが、タラバガニはヤドカリのなかまなんです。カニのあしは10本ですが、タラバは8本しかないでしょ。だからやっぱりカニ代表といえばズワイガニとさせてください。

と、余計な話をしましたが、ズワイガニの食材としての情報はよく見かけても、どんな生き物なのかご存じない方は多いでしょう。

ズワイガニがいるのは、水深約200〜400mの深海。オスは水深270mより深くに、メスは水深240mあたりに、それぞれ群れになって暮らしています。

そして、ふだんは小魚や貝類を食べるなど雑食性。脱皮したときには、自分の抜け殻を食べちゃうことも——そう、ズワイガニは脱皮を繰り返して大きくなります。

分類：甲殻類ケセンガニ科
全長（甲幅）：15cm（オス）、8cm（メス）
分布：日本海、北太平洋、オホーツク海などオスもメスも最初は同じくらいの大きさですが、脱皮を繰り返すなかで、オスはメスよりも2倍弱、大きくなります。そして、オス・メスともに、5～10年ほどで体が成長すると、いよいよ求愛できるようになるのです。

繁殖期になると、オスとメス、バラバラの水深に暮らしているズワイガニが、1か所に集まりだします。婚活パーティーの始まりといった趣でしょうか。でも、その後の求愛行動が、哺乳類や鳥類と比べるのもなんですが、雑。とにかく雑。

どうするのか？　体の大きなオスがはさみで、メスをガシッと摑み、抱え上げます。そこには好き嫌いの感情などありません。メスであれば、きっと誰でもいい。カニの気持ちはわからないけど、たぶん「確保！」という意味合いが強そうです。オスのなかには、左右のはさみそれぞれに、メスを1匹ずつ摑み上げる、〝ミスター両手に花〟もいるとか。がさつすぎか！　雑。とにかく雑。

メスはメスで、抵抗して逃げ出すものもいるようですが、がっしりと摑まれたらもうどうにもなりません。力ずくすぎて雑。とにかく雑。

オスがなんでそんなことをするかといえば、他のメスへのアピールでもあり、もちろん自分が確保したメスを、他のオスに奪われないように守るためでもあります。ただ、「守る」とはいうものの、もし他のオスが「その女、俺によこせよ」なんて近づいてきたら、「こっち来んな、おらぁ！」と追い払うため、メスを摑んだまま振り回しますから扱いが雑。とにかく雑。

もう、メスはたまったものではありません。こうしてオスに摑まれてペアになったメスは、交尾をすると、はい、それまで。何事もなかったかのように、お互い、また自分たちがそれぞれ暮らす場所へと戻っていくのです。

と、なんか鬼畜な世界のように紹介しましたが、ズワイガニの求愛には、人間から見たら「意外と愛、やっちゃってる？」と思える行動もあります。それは、メスが成熟して初めて婚活パーティーに参加するときです。このとき、メスは生涯最後の脱皮をするのですが、オスはメスと正面で向きあいます。そして、メスが脱皮を行うのをオスが手伝い、それから交尾にいたるのです。ね？　ちょっといい感じじゃないですか？　ただ、メスは脱皮直後で柔らかいのに、オスに強く摑まれるので、あしにはよく「交尾傷（こうびきず）」と呼ばれる傷が残りがち。傷物にされたわけです。雑。とにかく雑。

ズワイガニのオスがメスを摑む求愛、ワイルドなんでしょうが、人間だったら――

# こんな感じ

オレの女に手ぇ出すんじゃねえ!

深海で髪結いの亭主やらせてもらってます

# ミツクリエナガチョウチンアンコウ

ミツクリエナガチョウチンアンコウは、ミツクリエナガチョウチンアンコウ属ミツクリエナガチョウチンアンコウ科のアンコウです。

というように、和名は長く、日本2位の長さ。1位はウケグチノホソミオナガノオキナハギというカワハギのなかまですが、ミツクリエナガチョウチンアンコウが16字だったことから、1字多くして命名されたのだとか。つまりミツクリエナガチョウチンアンコウが長い名前だったからこそなのです。

まぁ、それはそれとして、長いのでここからは「チョウチンアンコウ」と呼ぶことにします。

このチョウチンアンコウ、水深500〜1250mあたりに生息していますが、深海魚ってよくわかっていないことが多いので、もっと深い場所にいることもあります。

**分類**：魚類ミツクリエナガチョウチンアンコウ科
**体長**：7cm（オス）、40cm（メス）
**分布**：大西洋〜太平洋〜インド洋

で、水深200mを超えたあたりから太陽の光は届かなくなっていきます。つまり、チョウチンアンコウが生息している深さは、真っ暗。生息している生き物の数だって浅い海より少ないもの。

そこで、チョウチンアンコウのメスは、名前の由来でもある頭の先にある「提灯」を使います。発光バクテリアを共生させることで、真っ暗な深海で光を放ちながら「提灯」をひらひらさせ、その光に誘われてきた小魚をバクッと食べちゃうのです。

この光に誘われて近づいてくるのは、獲物となる小魚だけではありません。チョウチンアンコウのオスも、まさに赤提灯に誘惑される酒好きのように、ふらふら〜っとやってきます。というのも、メスは40cmもの大きさなのに対し、オスは大きくても7cm。しかも提灯をもちません。小さいものですから、自分で獲物を捕まえるのも簡単ではありません。そこで、メスの光を見つけたら、「おっと、ちょうどよかった。甲斐性なしのオイラ、あの姐さんに食わせてもらおうかね、へへへ」と、近づきたくなっちゃうのです。

ここからチョウチンアンコウのオスによる求愛が始まります。

もう、出会いのチャンスすら少ない深海。オスにしてみれば、メスに出会えただけでもラッキー。宝くじに当たったくらいの棚ぼたです。そこでオスはどんな求愛をするのかといえば、メスの気持ちなんか全無視。とにかく出会えたチャンスを逃さないよう、メスの体表に齧りつきに行くのです。すると、メスはこれを無条件に受け入れます。で、どうなるどうなる？　オスが齧りついた口はメスと〝結合〟開始。メスの体から､直接栄養をもらって養われることになります。まさに深海の「髪結いの亭主」。

こうなると、オスは自力で泳ぐ必要もなくなります。じゃあ、いらない機能をもっていても、エネルギーの無駄になりますから、なくしましょうか、と。泳がないんだからひれが消え、獲物もメスも探さないから目も消え、メスと一体化しているのだから消化吸収のための内臓も消え……究極の断捨離を果たした後､最終的に､メスにくっついている、子孫を残すための精巣だけの存在になります。こうなると生きているのか死んでいるのか。生死不明で精子だけをつくる器官です。でも、まぁ、生き物が生きる究極の目的は子孫を残すこと。これに尽きると思えば、これはこれ、最高の結末のひとつなのかもしれません。オスに幸アレ！……ってなわけで、究極の幸福にいたる直前の、求愛に向かう、ラッキーオスの姿を人間にたとえると――

# こんな感じ

人生ごと、あなたに溶け込みたいです……。

# 出産だってやりますよ、俺が
# タツノオトシゴ

毎年正月には、その年の干支の動物を紹介する情報番組とか記事とかがあったりするもの。巳年ならヘビ特集とか。そんなとき困るのが辰年。龍は実在しないから。そこで、龍の赤ちゃんのような姿だねとネーミングされた生き物、タツノオトシゴの出番。

イヌやウシに比べマイナーなのに12年に一度はスポットライトを浴びるタツノオトシゴは、標準和名タツノオトシゴのことだったり、世界に46種いるタツノオトシゴの総称だったりするのですが、ここではとりあえず前者の話。

で、タツノオトシゴは、ウマみたいな顔にラッパみたいな口、ヘビのような尾で、お前は何もんじゃ？　な姿ですが、れっきとした魚です。白身魚です。よく見ればエラもあれば背びれも胸びれもあります。流線形の魚と比べたら素っ頓狂ですが、変わっているのは見た目だけ――いや、やっぱ、見た目以外もだいぶ変わっています。

分類：魚類ヨウジウオ科
全長：10㎝
分布：日本、
太平洋北西部

変わっているポイント①、魚なのに泳ぎがヘタ。尾びれがないし。海が荒れると死ぬこともあります。長い尾は泳ぎには向きませんが、海藻などにぐるっと巻きつけ、姿勢を安定させられます。その姿勢ですが、それは――

変わっているポイント②、直立姿勢。魚は水平姿勢がふつうですが、海藻が茂る「藻場」を棲処とする場合、直立しているほうが茂みに紛れ、捕食魚に見つかりにくいので、そうなったとの説も。また、体色が変わるのも魚にしては珍しく、擬態名人。

変わっているポイント③、体色は変わるけど、パートナーは一生変えない一夫一婦スタイル。タツノオトシゴだけじゃないですが、魚全体でも数%の種しかいません。

さらに驚異の変わっているポイントがあります。タツノオトシゴ夫婦は、オスが赤ちゃんを〝出産〟するというところです。思わず「ちょっと何言ってるかわからない」と戸惑います。どういうことなのか、求愛段階から見てみましょう。

タツノオトシゴのオスは繁殖期に入ると、メスの近くにひらひら～っと泳いでいきます。すでに奥さんがいるなら奥さんのもとへ。未婚オスなら未婚メスのもとへ。

そして毎朝、オスはメスの前で体をくねらせて「ねぇ～ねぇ～」と甘えるように（見えるだけですが）気を引きます。また、変わった体の色を見せたり、オスだけがお腹にもつ「育児嚢（いくじのう）」という袋をふくらませたりして、積極的にアピール。メスがオスを受け入れ、「いいわよ♥」となれば、尾をオスの尾にからませて、ペアでくるくる回るなどします。お互いの絆も深まったとなれば、お腹をくっつけあいます。その際、メスは体の下部にある「産卵管（さんらんかん）」を、オスの育児嚢に挿入して卵を産みつけます。この段階で子孫を残すためのメスの役割は一旦、終了。

　育児嚢に入るときに卵を受精させると、オスは受精卵を守りながら稚魚になるまで育てます。だいたい2週間ほどの〝妊娠〟期間がすぎると、オスは育児嚢を伸び縮みさせて、１００〜５００匹の赤ちゃんを勢いよく放ちながら〝出産〟するのです。

　なお、育児嚢の内側にはひだがあり、受精卵や稚魚が傷つかないように包める他、哺乳類のメスの子宮の胎盤のように、卵や稚魚に栄養を送っているのだとか。ということは、オスは本来の意味どおり、〝妊娠〟〝出産〟しているといえるかもしれません。

　こうしてオスが子育てを終えた頃、メスは再び産卵できるようになっており、また求愛に入るのです。

　そんな子育てはおまかせあれ！　なイクメンのタツノオトシゴ、人間ならどんな感じ？

# こんな感じ

あとは……おまかせあれ！

♥

## 愛の誘い込みミステリーサークル

# アマミホシゾラフグ

ざっくりフグのなかまといえば、威嚇するときに体をふくらませるものがいるとか、内臓や皮膚などに強力な毒をもつものがいるとか、それでも毒を除いて調理するとンマい高級魚であるとか、そんなイメージの魚ではないでしょうか？

実際にはフグのなかまは約430種おり、右記は大雑把なイメージで、それこそカワハギやハリセンボン、マンボウなんかもフグのなかま。系統的には、めちゃめちゃ特化が進んでいて、その姿は多様です。見た目も、いわゆる魚らしい流線形タイプが少ないことから、超個性派グループといえるかもしれません。

そんなフグのなかまに、2014年、奄美大島の浅い海から新種が加わりました。これが大きな話題となり、2015年には日本の生き物で初めて、国際生物種探査研究所の「世界の新種トップ10」に選ばれたのです。

分類：魚類フグ科
全長：10〜15㎝
分布：奄美大島、沖縄島近海

そんなフグ界のニュースターの名は、アマミホシゾラフグ！　背中いっぱいに星空のようなスポット模様をもつことが和名の由来。もう名前からして、きらっきらのスターであることを運命づけられていたかのよう。

さて。アマミホシゾラフグが話題となったのは、なにも新種だったからというだけではありません。きっかけは、とあるミステリーでした。

というのも、1990年代から、奄美大島の海底の砂地では、ダイバーたちによって、芸術的な謎の幾何学模様サークルがたびたび観測されていたからです。直径2mほどの円で、中心部から縁に向かい、放射状にたくさんの溝があります。

宇宙人のしわざか？（とは思わなかったでしょうけど、謎なので）と、調査が始まり、当時、まだ未確認生物だったアマミホシゾラフグによるものとわかったのです。

そうなると次は、なぜそんなものをアマミホシゾラフグがつくるのか、ということになります。その結果、ミステリーサークルは、産卵のための巣（産卵床）だとわかりました。ふつう、産卵床をつくる魚でも、底にくぼみを掘る程度のものです。ここまで個性的なものは、他に例がありません。さすが超個性派グループ・フグの新種です。

サークルは次のようにつくられます。産卵の時期になると、オスは、海底の砂地にお腹を押しつけます。これでサークルの中心となるくぼみができます。そして、くぼみの周りの砂に、自らの胸びれと尾びれのみ（まさに己の腕一本的な）を使って溝を掘り、1週間ほどで放射状の幾何学模様サークルを作り上げるのです。

これでメスを誘い込む求愛アピールの準備を完了し、メスはサークルを訪れます。サークルによっては、メスが順番待ちをするほどのものや、逆にメスが寄りつかないものもあります。サークルの出来によってモテ格差があるようです。

こうして、ペアが成立すると、オスはメスをちょい噛み。それを合図にメスがサークルの中心に産卵し、はい、さようなら。多くの魚は、オスもここで「さようなら」ですが、アマミホシゾラフグのオスは珍しくて、卵が孵化するまで守り、世話をします。

この産卵床作りは大変な作業ですが、なぜそうまでするのかというと――アマミホシゾラフグの暮らす海の底は、砂地で変化が乏しい。だから複雑な模様をつくって、メスに「俺、子育ても安心してできる、立派な巣をつくる力があるぜぇ」と目立ってアピールするようになったのではないか、と考えられています。

そんなアマミホシゾラフグのオスによるサークル活動を、人間にたとえると――

# こんな感じ

ミステリーサークルしか作れないけど
こんなボクでもよかったら……。

# おわりに

いかがでしたか、動物たちの求愛術。さまざまな動物がいて、それぞれが特有の技で求愛していましたよね。それは主に本能のもたらす行動で、絶滅せずに種を存続させるための技なのです。人間から見たら珍妙な、あるいは奇抜なもの、とんでもないものもあったと思いますが、少し人間に似たようなところもあった気がしませんか？それは、人間の由来が動物だからでしょう。

しかしながら、素朴な動物だったけれども知能が極端に発達した人間は、動物世界にはない高度で複雑な社会を創り上げてきました。求愛に関しても、子孫を残すという繁殖目的だけではなくなりました。

人間は感情的なつながりを感じようとしたり、楽しく豊かに生きようとしたりするなかで、子孫を残すこと以外にも、人生に価値を見出しはじめたのです。自分だけの価値観があっていいのですから、自分だけの求愛術があっていい。つまりは多様でいろいろな求愛があっていいのです。

ただし、他の人の迷惑にならないように、ですよ。

今泉忠明

## 参考文献

『ウソをつく生きものたち』森由民　著　村田浩一　監修／緑書房
『飼えたらすごい生きもの図鑑』小宮輝之　監修／中央公論新社
『学研の図鑑LIVE　危険生物　新版』今泉忠明　総監修／Gakken
『学研の図鑑LIVE　動物　新版』姉崎智子　総監修／Gakken
『学研の図鑑LIVE　鳥』小宮輝之　監修／Gakken
『角川の集める図鑑GET!　動物』小菅正夫　総監修／KADOKAWA
『角川の集める図鑑GET!　は虫類・両生類』加藤英明　監修／KADOKAWA
『角川の集める図鑑GET!　危険生物』加藤英明　総監修／KADOKAWA
『角川の集める図鑑GET!　魚』宮正樹　総監修／KADOKAWA
『クジラの歌を聴け　動物が生命をつなぐ驚異のしくみ』田島木綿子　著／山と溪谷社
『クジラはなぜ優雅に大ジャンプするのか』中島将行　著／実業之日本社
『恋するいきもの図鑑』今泉忠明　監修／カンゼン
『とにかくだいすき!　恋するいきもの図鑑DX』今泉忠明　監修／カンゼン
『ニュートン別冊　こんなにすごい!　ふしぎな動物超図鑑』ニュートンプレス
『世界大博物図鑑　第4巻　鳥類』荒俣宏　著／平凡社
『大哺乳類展3　わけてつなげて大行進』川田伸一郎　田島木綿子　監修・図録執筆／朝日新聞社
『ダチョウはアホだが役に立つ』塚本康浩　著／幻冬舎
『動物大百科　第1巻　食肉類』D.W.マクドナルド　編　今泉吉典　監修／平凡社
『動物大百科　第16巻　動物の行動』P.J.B.スレイター　編　日髙敏隆　監修／平凡社
『動物たちの「愛」　求愛・出産・子育て』今泉忠明　著／化学工業日報社
『動物たちのすごいワザを物理で解く』マティン・ドラーニ　リズ・カローガー　著／インターシフト
『動物たちはこうして会話する』永戸豊野　著／河出書房新社
『とってもへんなどうぶつたち』小宮輝之　監修／辰巳出版
『とってもへんないきものたち』小宮輝之　監修／辰巳出版
『鳥の不思議な生活』ノア・ストリッカー　著／築地書館
『ナショナル ジオグラフィック日本版　2024年3月号　ブチハイエナ　その知られざる素顔』
日経ナショナル ジオグラフィック
『ペンギン大図鑑』デイビッド・サロモン　著／河出書房新社
『ペンギンたちの不思議な生活』青柳昌宏　著／講談社
ナショナル ジオグラフィック日本版サイト（https://natgeo.nikkeibp.co.jp/）
京都府農林水産技術センター海洋センター（https://www.pref.kyoto.jp/kaiyo/index.html）

その他、多くの書籍、webサイトを参考にさせていただきました。

**文 こざきゆう**

おもに児童向け書籍を手がけるライター、作家。著書は130冊以上(共著含む)。好きな分野は生き物、雑学、伝記、オカルト。「名探偵はハムスター!」シリーズ(文響社)、『レーシング!ZOO』(Gakken)など、動物雑学を生かした物語も執筆している。

**監修 今泉忠明**(いまいずみ・ただあき)

哺乳類動物学者。東京水産大学(現・東京海洋大学)卒業。上野動物園の動物解説員、ねこの博物館館長、日本動物科学研究所所長などを歴任。『ざんねんないきもの事典』(高橋書店)など多数の書籍を監修。

**絵 docco**

シンプルなタッチの似顔絵やイラストが得意。書籍の装丁や挿絵の他、タレントのグッズ等も手がけている。



デザイン bookwall　DTP ローヤル企画

**モテようとして〇〇(まるまる)しました。**
**動物たちの奇妙な求愛図鑑**

2025年3月25日　第1刷発行

著　者　こざきゆう
監　修　今泉忠明
発行人　見城 徹
編集人　中村晃一
編集者　渋沢 瑶

発行所　株式会社 幻冬舎
〒151-0051 東京都渋谷区千駄ヶ谷4-9-7
電話:03(5411)6215(編集)
03(5411)6222(営業)

印刷・製本所　近代美術株式会社

検印廃止





ISBN978-4-344-79230-2 C0045
ホームページアドレス https://www.gentosha-edu.co.jp/

この本に関するご意見・ご感想は、下記アンケートフォームからお寄せください。
https://www.gentosha.co.jp/e/edu/